步步图解

制冷设备维修综合技能

检测、代换、实物训练，轻松突破

分解图 直观学 易懂易查
看视频 跟着做 快速上手

双色印刷

韩雪涛 主编

吴瑛 韩广兴 副主编

机械工业出版社
CHINA MACHINE PRESS

第1章

制冷维修电路基础

1.1 电路连接方式

1.1.1 串联方式

如果电路中多个负载首尾相连，那么我们称它们的连接状态是串联的，该电路即称为串联电路。

如图 1-1 所示，在串联电路中，通过每个负载的电流量是相同的，且串联电路中只有一个电流通路，当开关断开或电路的某一点出现问题时，整个电路将处于断路状态。因此当其中一盏灯损坏后，另一盏灯的电流通路也被切断，该灯不能点亮。

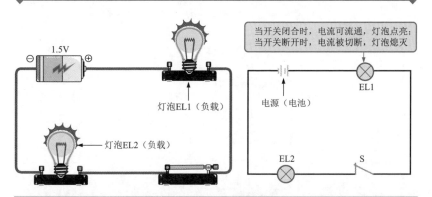

图 1-1　电子元件的串联关系

在串联电路中，流过每个负载的电流相同，各个负载分享电源电压，如图 1-2 所示，电路中有三个相同的灯泡串联在一起，那么每个灯泡将得到1/3的电源电压值。每个串联的负载可分到的电压值与它自身的电阻有关，即自身电阻较大的负载会得到较大的电压值。

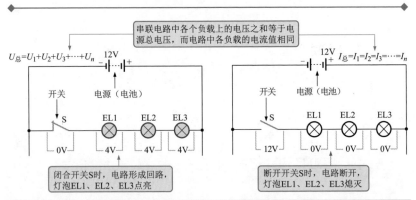

图1-2　灯泡（负载）串联的电压分配

1.1.2　并联方式

扫一扫看视频

　　两个或两个以上负载的两端都与电源两极相连，我们称这种连接状态是并联的，该电路即为并联电路。

　　如图1-3所示，在并联状态下，每个负载的工作电压都等于电源电压。

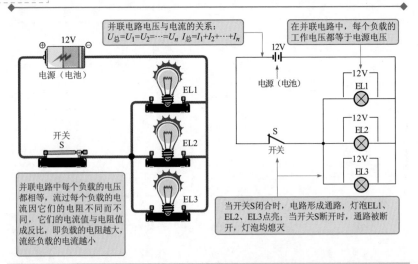

图1-3　电子元件的并联关系

不同支路中会有不同的电流通过，当支路某一点出现问题时，该支路将处于断路状态，照明灯会熄灭，但其他支路依然正常工作，不受影响。

1.1.3　混联方式

如图1-4所示，将电子元件串联和并联后构成的电路称为混联电路。

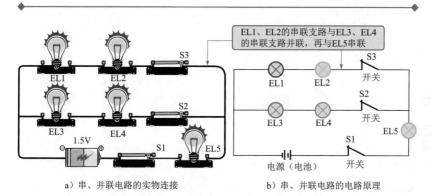

EL1、EL2的串联支路与EL3、EL4的串联支路并联，再与EL5串联

a）串、并联电路的实物连接　　　　　b）串、并联电路的电路原理

图1-4　电子元件的混联关系

1.2　欧姆定律

欧姆定律规定了电压（U）、电流（I）和电阻（R）之间的关系。在电路中，流过电阻的电流与电阻两端的电压成正比，与电阻成反比，即$I=U/R$，这就是欧姆定律的基本概念，是电路中最基本的定律之一。

1.2.1　电压与电流的关系

电压与电流的关系如图1-5所示。电阻阻值不变的情况下，电路中的电压升高，流经电阻的电流也成比例增加；电压降低，流经电阻的电流也成比例减少。例如，电压从25V升高到30V时，电流值也会从2.5A升高到3A。

扫一扫看视频

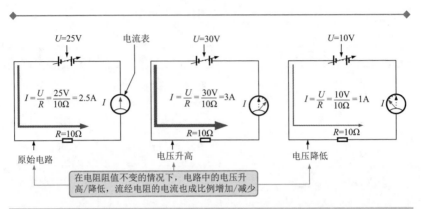

图 1-5　电压与电流的关系

1.2.2　电阻与电流的关系

　　电阻与电流的关系如图 1-6 所示。当电压值不变的情况下，电路中的电阻阻值升高，流经电阻的电流成比例减少；电阻阻值降低，流经电阻的电流则成比例增加。例如，电阻从 10Ω 升高到 20Ω 时，电流值会从 2.5A 降低到 1.25A。

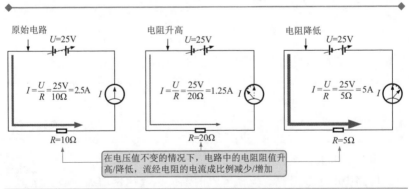

图 1-6　电阻与电流的关系

1.3 基本单元电路

1.3.1 基本 RC 电路

RC 电路（电阻和电容联合"构建"的电路）是一种由电阻和电容按照一定的方式连接并与交流电源组合的一种简单功能电路。下面我们先来了解一下 RC 电路的结构形式，接下来再结合具体的电路单元弄清楚该电路的功能特点。

根据不同的应用场合和功能，RC 电路通常有两种结构形式：一种是 RC 串联电路，另一种是 RC 并联电路。

电阻和电容串联后"构建"的电路称为 RC 串联电路，该电路多与交流电源连接，如图 1-7 所示。

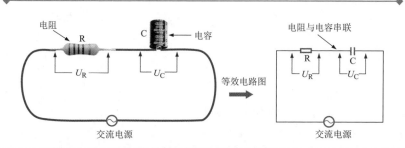

图 1-7　RC 串联电路的结构

RC 串联电路中的电流引起了电容和电阻上的电压降，这些电压降与电路中电流及各自的电阻值或容抗值成比例。电阻电压 U_R 和电容电压 U_C 用欧姆定律表示为（X_C 为容抗）：$U_R = IR$、$U_C = IX_C$

电阻和电容并联连接于交流电源的组合称为 RC 并联电路，如图 1-8 所示。与所有并联电路相似，在 RC 并联电路中，电压 U 直接加在各个支路上，因此各支路的电压相等，都等于电源电压，即 $U = U_R = U_C$，并且三者之间的相位也相同。

1.3.2 基本 LC 电路

LC 电路是一种由电感和电容按照一定的方式进行连接的一种功能

电路。下面我们先来了解一下 LC 电路的结构形式，接下来再结合具体的电路单元弄清楚该电路的功能特点。

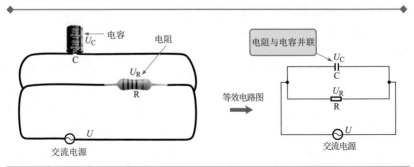

图 1-8　RC 并联电路

由电容和电感组成的串联或并联电路中，感抗和容抗相等时，电路处于谐振状态，该电路称为 LC 谐振电路。LC 谐振电路又可分为 LC 串联谐振电路和 LC 并联谐振电路两种。

在串联谐振电路中，当信号接近特定的频率时，电路中的电流达到最大值，这个频率称为谐振频率。

图 1-9 为不同频率信号通过 LC 串联电路的效果示意图。由图中可知，当输入信号经过 LC 串联电路时，根据电感和电容的特性，信号频率越高，电感的阻抗越大，而电容的阻抗则越小，阻抗大则对信号的衰减大，频率较高的信号通过电感会衰减很大，而直流信号则无法通过电容。当输入信号的频率等于 LC 谐振的频率时，LC 串联电路的阻抗最小，此频率的信号很容易通过电容和电感输出。由此可看出，LC 串联谐振电路可起到选频的作用。

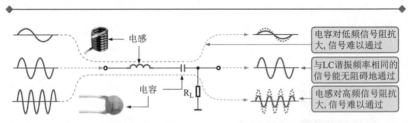

图 1-9　不同频率信号通过 LC 串联电路的效果

在 LC 并联谐振电路中，如果电感中的电流与电容中的电流相等，则电路就达到了并联谐振状态。图 1-10 为不同频率的信号通过 LC 并联谐振电路时的状态，当输入信号经过 LC 并联谐振电路时，同样根据电感和电容的阻抗特性，较高频率的信号则容易通过电容到达输出端，较低频率的信号则容易通过电感到达输出端。由于 LC 电路在谐振频率 f_0 处的阻抗最大，谐振频率为 f_0 的信号不能通过 LC 并联的振荡电路。

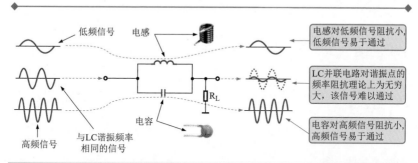

图 1-10　不同频率信号通过 LC 并联谐振电路前后的波形

1.3.3　基本 RLC 电路

RLC 电路是由电阻、电感和电容构成的电路单元。由前文可知，在 LC 电路中，电感和电容都有一定的电阻值，当电阻值相对于电感的感抗或电容的容抗很小时，往往会被忽略，而在某些高频电路中，电感和电容的阻值相对较大，就不能忽略，原来的 LC 电路就变成了 RLC 电路，如图 1-11 所示。

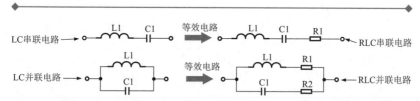

图 1-11　RLC 电路

1.3.4　遥控发射电路

遥控发射电路（红外发射电路）是采用红外发光二极管发出经过调制的红外光波，其电路结构多种多样，电路工作频率也可根据具体的应用条件而定。遥控信号有两种制式：一种是非编码形式，适用于控制单一的遥控系统中；另一种是编码形式，常应用于多功能遥控系统中。

在电子产品中，常用红外发光二极管来发射红外光信号。常用的红外发光二极管的外形与普通发光二极管相似，但普通发光二极管发射的光是可见光，而红外发光二极管发射的光是不可见光。

图 1-12 为红外发光二极管基本工作过程。图中的晶体管 VT1 作为开关管使用，当在晶体管的基极加上驱动信号时，晶体管 VT1 也随之饱和导通，接在集电极回路上的红外发光二极管 VD1 也随之导通工作，向外发出红外光（近红外光，其波长约为 $0.93\mu m$）。红外发光二极管的电压降约为 1.4V，工作电流一般小于 20mA。为了适应不同的工作电压，红外发光二极管的回路中常串联有限流电阻 R2 以控制其工作电流。

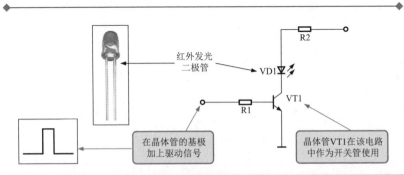

图 1-12 红外发光二极管基本工作过程

1.3.5 遥控接收电路

遥控发射电路发射出的红外光信号，需要特定的电路接收，才能起到信号远距离传输、控制的目的，因此电子产品上必定会设置遥控接收电路，从而组成一个完整的遥控电路系统。遥控接收电路通常由红外接收二极管、放大电路、滤波电路和整形电路等组成，它们将遥控发射电路送来的红外光接收下来，并转换为相应的电信号，再经过放大、滤波、整形后，送到相应的控制电路中。

扫一扫看视频

图 1-13 为典型遥控接收电路。该电路主要是由集成运算放大器 IC1 和锁相环集成电路 IC2 构成的。锁相环集成电路外接由 R3 和 C6 组成的具有固定频率的振荡器，其频率与发射电路的频率相同，C4 与 C5 为滤波电容。

由遥控发射电路发射出的红外光信号由红外接收二极管 D01 接收，并转变为电脉冲信号，该信号经集成运算放大器 IC1 进行放大，输入到锁相环集成电路 IC2。由于 IC1 输出信号的振荡频率与 IC2 的振荡频率相同，IC2 的 8 脚输出高电平，此时使晶体管 Q01 导通，继电器 K1 线圈得电，触点吸合，其触点可作为开关去控制被控负载。平时没有红外光信号发射时，IC2 的 8 脚为低电平，Q01 处于截止状态，继电器不会工作。这是一种具有单一功能的遥控电路。

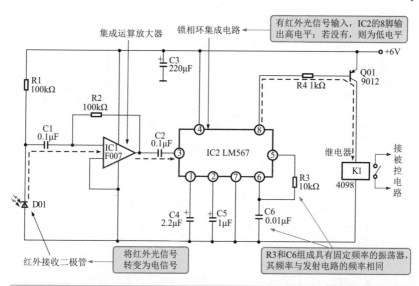

图 1-13　典型遥控接收电路

1.3.6　滤波电路

无论哪种整流电路，它们的输出电压都含有较大的脉动成分。为了减少这种脉动成分，在整流后都要加上滤波电路。所谓滤波就是滤掉输出电压中的脉动成分，而尽量使输出趋近直流，使输出接近理想的直流电压。

常用的滤波元件有电容和电感。下面分别简单介绍电容滤波电路和电感滤波电路。

 1. 电容滤波电路

电容（平滑滤波电容）可应用在直流电源电路中构成平滑滤波电路。图 1-14 为没有平滑滤波电容的电源电路。从图中可以看到，交流电变成直流电后电压很不稳定，呈半个正弦波形，波动很大。图 1-15 为加入平滑滤波电容的电源电路。由于平滑滤波电容的加入,特别是由于电容的充放电特性,使电路中原本不稳定、波动比较大的直流电压变得比较稳定、平滑。

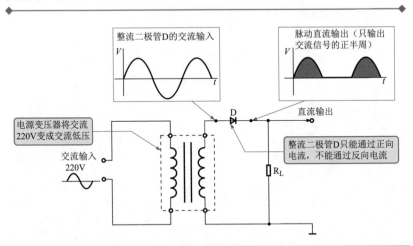

图 1-14　没有平滑滤波电容的电源电路

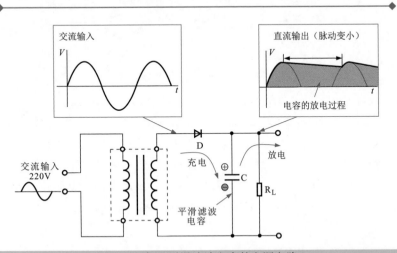

图 1-15　加入平滑滤波电容的电源电路

 2. 电感滤波电路

电感滤波电路如图 1-16 所示。由于电感的直流阻抗很小,交流阻抗

却很大，有阻碍电流变化的特性，因此直流分量经过电感后基本上没有损失，但对于交流分量，将在电感上产生电压降，从而降低输出电压中的脉动成分。显然，电感值越大，R_L 越小，滤波效果越好，所以电感滤波适合于负载电流较大的场合。

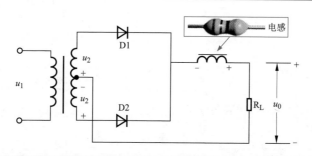

图 1-16　电感滤波电路

相关资料

为了进一步改善滤波效果，可采用 LC 滤波电路，即在电感滤波的基础上，再在负载电阻 R_L 上并联一个电容，构成的 LC 滤波电路如图 1-17 所示。

在图 1-17 所示的滤波电路中，由于 R_L 上并联了一个电容，增强了平滑滤波的作用，使 R_L 并联部分的交流阻抗进一步减少。电容值越大，输出电压中的脉动成分越小，但直流分量与没有加电容时一样大。

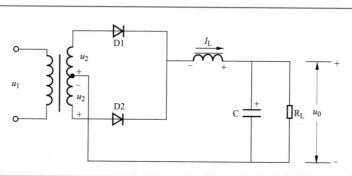

图 1-17　LC 滤波电路

第2章

学用制冷维修工具

2.1 学用拆装工具

2.1.1 螺丝刀

螺丝刀主要用来拆装制冷产品的外壳、制冷系统以及电气系统等部件上的固定螺钉。螺丝刀的实物外形及适用场合，如图2-1所示。

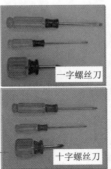
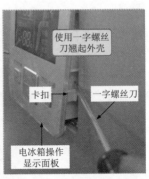

图 2-1 螺丝刀的特点与使用方法

在对电冰箱或空调器等制冷设备进行拆卸时，要尽量采用合适规格的螺丝刀来拆卸螺钉。螺丝刀的刀口尺寸不合适会损坏螺钉，会给拆卸带来困难。需注意的是，尽量采用带有磁性的螺丝刀，减少螺钉脱落的情况，以便快速准确地拧松螺钉。

2.1.2 钳子

钳子可用来拆卸制冷产品连接线缆的插件或某些部件的固定螺栓，

或在焊接制冷产品管路时，用来夹取制冷管路或部件，以便于焊接。钳子的实物外形及适用场合，如图 2-2 所示。

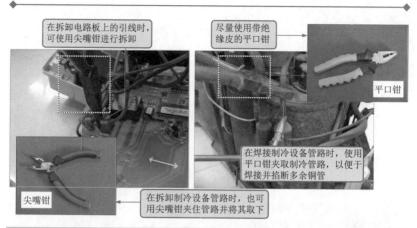

图 2-2　钳子的特点与使用方法

2.1.3　扳手

扳手主要用来拆装或固定制冷产品中一些大型的螺栓或阀门开关，常用的有活扳手、呆扳手和内六角扳手。图 2-3 所示为常用扳手的特点与使用方法。

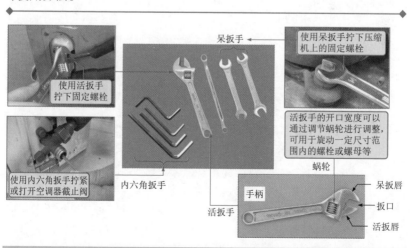

图 2-3　常用扳手的特点与使用方法

2.2　学用管路加工工具

2.2.1　切管器

　　切管器主要用于制冷管路的切割，也常称其为割刀。图 2-4 所示为两种常见切管器的实物外形。从图中可以看到，切管器主要由刮管刀、滚轮、刀片及进刀旋钮组成。

刮管刀　　　　　　进刀旋钮

在切割空间狭小地方的管路时，可使用规格较小的切管器进行操作

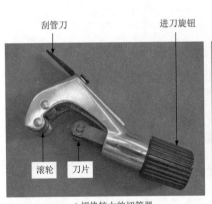

滚轮　刀片

滚轮　　　　　　刀片

a) 规格较大的切管器　　　　　　b) 规格较小的切管器

图 2-4　常见切管器实物外形

　　在对制冷设备中的管路部件进行检修时，经常需要使用切管器对管路的连接部位、过长的管路或不平整的管口等进行切割，以便实现制冷设备管路部件的代换、检修或焊接操作。

　　使用切管器切割制冷管路时，通常先调整切管器使切管器刀片接触到待切铜管的管壁，然后在旋转切管器的同时调节进刀旋钮，最终将制冷管路（铜管）切断。具体使用方法如图 2-5 所示。

　　在使用切管器对铜管切割完毕后，应当使用切管器上端的刮管刀将被切割铜管管口处的毛刺去除。如图 2-6 所示，应当将铜管管口垂直向下，在刮管刀上水平移动。若将铜管管口垂直向上，可能会导致铜渣掉入铜管内，对其造成污染。

扫一扫看视频

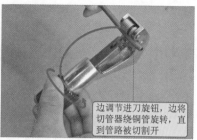

顺时针缓慢调节切管器的进刀旋钮，使切管器的刀片接触铜管的管壁

边调节进刀旋钮，边将切管器绕铜管旋转，直到管路被切割开

图 2-5　切管器的使用方法

将铜管管口在刮管刀上水平移动即可去除毛刺

刮管刀

必须将铜管的管口垂直向下，防止铜渣掉入铜管内

图 2-6　使用切管器上的刮管刀去除毛刺

要点说明

　　常用切管器的规格为 3~20mm。由于制冷设备制冷循环对管路的要求很高，杂质、灰尘和金属碎屑都会造成制冷系统堵塞，因此，对制冷铜管的切割要使用专用的设备，这样才可以保证铜管的切割面平整、光滑，且不会产生金属碎屑掉入管中阻塞制冷循环系统。

2.2.2　扩管组件

　　扩管组件主要用于对制冷产品各种管路的管口进行扩口操作。图 2-7所示为扩管组件的实物外形。从图中可以看到扩管组件主要包括顶压器、顶压支头和夹板。

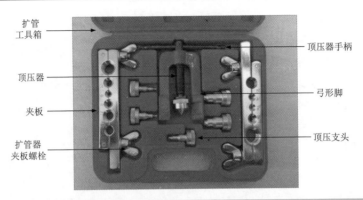

图 2-7　扩管组件的实物外形

扩管组件主要用于将管口扩为杯形口和喇叭口两种，如图 2-8 所示。两根直径相同的铜管需要通过焊接方式连接时，应使用扩管组件将一根铜管的管口扩为杯形口；当铜管需要通过纳子或转接器连接时，需对管口进行扩喇叭口的操作。

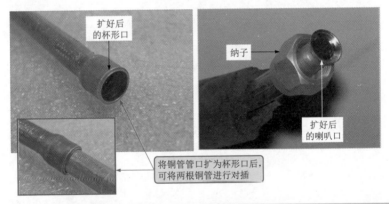

图 2-8　使用扩管工具对管口的加工效果

如图 2-9 所示，将铜管放置于夹板中固定，然后选择相应规格的顶压支头安装到顶压器上，旋转手柄即可实现对铜管的扩口操作。

2.2.3　弯管器

弯管器是在制冷产品维修过程中对管路进行弯曲时用到的一种加工

工具，图 2-10 所示为常用弯管器实物外形。

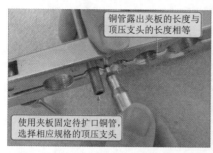
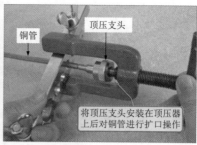

图 2-9　扩管组件的使用方法

图 2-10　常用弯管器实物外形

　　制冷设备的制冷管路经常需要弯制成特定的形状，而且为了保证系统循环的效果，对于管路的弯曲有严格的要求。通常管路的弯曲半径不能小于其直径的 3 倍，而且要保证管道内腔不能凹瘪或变形。

　　弯管器的使用方法相对简单，将待弯曲的铜管置于弯管器的弯头上，按照要求规范进行弯曲加工即可。弯管器的操作如图 2-11 所示。

2.2.4　封口钳

　　封口钳也称人力钳，通常用于对制冷产品的制冷管路的端口处进行封闭，常见封口钳的实物外形如图 2-12 所示。

　　使用封口钳时，将封口钳的钳口夹住制冷管路，然后用力压下手柄即可，如图 2-13 所示。

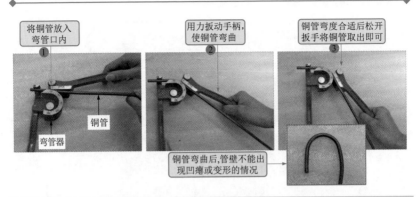

图 2-11　弯管器的操作

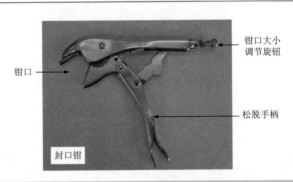

图 2-12　封口钳的实物外形

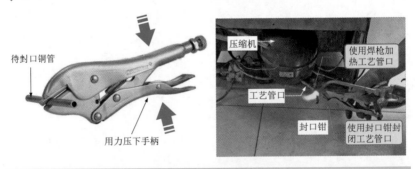

图 2-13　封口钳的使用方法

2.3　学用焊接工具

2.3.1　电烙铁

在制冷产品维修过程中，若电路部分出现损坏的元器件，则需要使用电烙铁对其进行焊接、代换，因此电烙铁也是制冷产品中使用较多的工具之一。如图 2-14 所示，常用的电烙铁主要有小功率电烙铁和中功率电烙铁两种。

扫一扫看视频

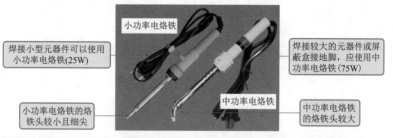

小功率电烙铁

焊接小型元器件可以使用小功率电烙铁(25W)

焊接较大的元器件或屏蔽盒接地脚，应使用中功率电烙铁(75W)

小功率电烙铁的烙铁头较小且细尖

中功率电烙铁

中功率电烙铁的烙铁头较大

图 2-14　电烙铁的种类特点

相关资料

此外，还有一种吸锡电烙铁，其烙铁头是空心的，而且多了一个吸锡装置，如图 2-15 所示。吸锡电烙铁可以直接将焊点熔化，此时按下吸锡按钮后，便可以将熔化的焊锡吸入吸嘴内，便于元器件的拆卸。

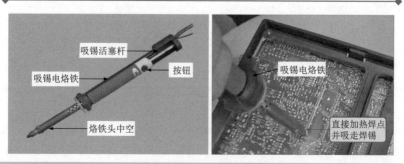

吸锡活塞杆

吸锡电烙铁

按钮

烙铁头中空

吸锡电烙铁

直接加热焊点并吸走焊锡

图 2-15　吸锡电烙铁的特点

19

　　使用电烙铁时，先将其通电加热，然后用手握住电烙铁的手柄处，电烙铁头将要拆卸的元器件引脚端的焊锡熔化。图2-16为电烙铁的使用方法。通常，电烙铁会与吸锡器或焊接辅料配合使用，完成拆卸和焊接操作。

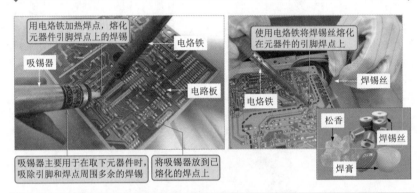

用电烙铁加热焊点，熔化元器件引脚焊点上的焊锡

电烙铁

吸锡器

电路板

吸锡器主要用于在取下元器件时，吸除引脚和焊点周围多余的焊锡

将吸锡器放到已熔化的焊点上

使用电烙铁将焊锡丝熔化在元器件的引脚焊点上

焊锡丝

电烙铁

松香

焊锡丝

焊膏

图 2-16　电烙铁的使用方法

2.3.2　气焊

　　气焊设备是指对制冷产品的管路系统进行焊接操作的专用设备，它主要由氧气瓶、燃气瓶、焊枪和连接软管组成。

扫一扫看视频

　　图2-17所示为氧气瓶和燃气瓶的实物外形，氧气瓶上安装有总阀门、输出控制阀和输出压力表；而燃气瓶上安装有控制阀门和输出压力表。

　　氧气瓶和燃气瓶输出的气体在焊枪中混合，通过点燃的方式在焊嘴处形成高温火焰，对铜管进行加热。图2-18所示为焊枪的外形结构。

相关资料

　　在使用气焊设备对空调器的管路和电路进行焊接时，焊料也是必不可少的辅助材料。焊料主要有焊条、焊粉等，其实物外形及适用场合如图2-19所示。

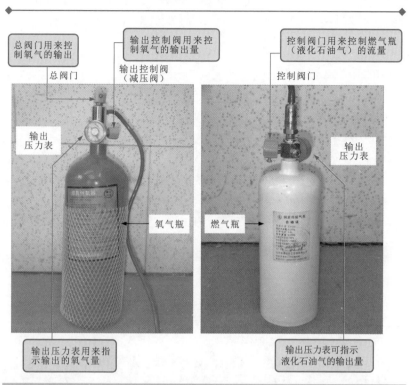

总阀门用来控制氧气的输出

总阀门

输出控制阀用来控制氧气的输出量

输出控制阀（减压阀）

控制阀门用来控制燃气瓶（液化石油气）的流量

控制阀门

输出压力表

输出压力表

氧气瓶

燃气瓶

输出压力表用来指示输出的氧气量

输出压力表可指示液化石油气的输出量

图 2-17　气焊设备的实物外形

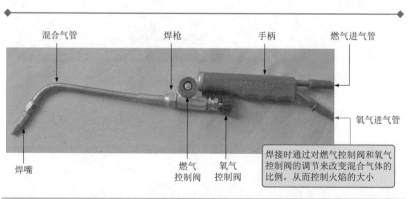

混合气管　　　　焊枪　　　　　手柄　　　　燃气进气管

燃气进气管

氧气进气管

焊嘴

燃气控制阀

氧气控制阀

焊接时通过对燃气控制阀和氧气控制阀的调节来改变混合气体的比例，从而控制火焰的大小

图 2-18　焊枪的外形结构

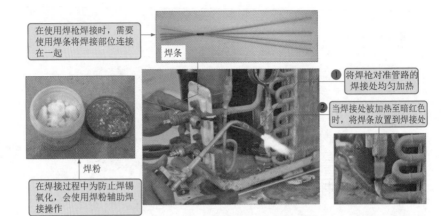

在使用焊枪焊接时，需要使用焊条将焊接部位连接在一起

焊条

❶ 将焊枪对准管路的焊接处均匀加热

❷ 当焊接处被加热至暗红色时，将焊条放置到焊接处

焊粉

在焊接过程中为防止焊锡氧化，会使用焊粉辅助焊接操作

图 2-19　焊料的实物外形及适用场合

如图 2-20 所示，气焊设备在使用时首先要将火焰调整到焊接状态，然后才可在焊料的配合下实现管路的焊接（气焊设备的使用与管路焊接有着严格要求，我们将在后面的章节进行详细介绍）。

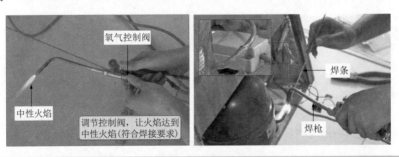

氧气控制阀

焊条

中性火焰

调节控制阀，让火焰达到中性火焰(符合焊接要求)

焊枪

图 2-20　气焊设备的使用特点

第 3 章
学用制冷检测仪表

3.1 学用万用表

3.1.1 万用表的特点

万用表是检测制冷产品电路系统的主要工具。电路是否存在短路或断路故障，电路中元器件性能是否良好，供电条件是否满足等，都可使用万用表来进行检测。维修中常用的万用表主要有指针式万用表和数字万用表两种，其外形如图 3-1 所示。

扫一扫看视频

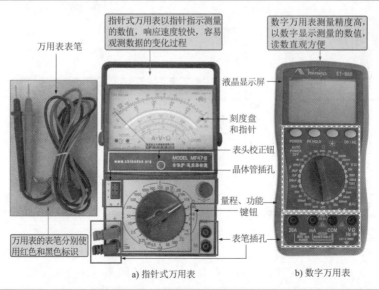

指针式万用表以指针指示测量的数值，响应速度较快，容易观测数据的变化过程

数字万用表测量精度高，以数字显示测量的数值，读数直观方便

万用表表笔

液晶显示屏

刻度盘和指针

表头校正钮

晶体管插孔

量程、功能键钮

表笔插孔

万用表的表笔分别使用红色和黑色标识

a) 指针式万用表

b) 数字万用表

图 3-1 万用表的实物外形

3.1.2　万用表的使用

使用万用表进行检测操作时，首先需要根据测量对象选择相应的测量挡位和量程，然后再根据检测要求和步骤进行实际检测。

例如，测量某个部件的电阻值，应选择欧姆挡，然后根据万用表测电阻值的测量要求进行测量即可。图 3-2 所示为使用万用表检测空调器风扇电动机绕组阻值的操作。

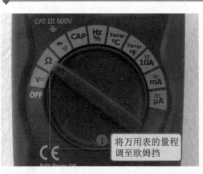
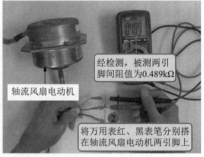

图 3-2　使用万用表检测空调器风扇电动机绕组阻值的操作

3.2　学用示波器

3.2.1　示波器的特点

在制冷产品电路系统的维修中，常使用示波器对电路各部位信号波形进行检测。示波器可以将电路中的电压波形、电流波形直接显示出来，能够使维修者提高维修效率，尽快找到故障点。常用的示波器主要有模拟示波器和数字示波器两种，其实物外形如图 3-3 所示。

3.2.2　示波器的使用

扫一扫看视频

使用示波器进行检测的操作方法相对复杂一些，重点是要做好检测前的准备工作、测试线的接地和实际检测操作。注意，检测带交流高压的电路部分时应使用隔离变压器。图 3-4 所示为使用示波器检测电冰箱电路系统中信号波形的操作。

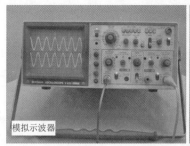

模拟示波器

数字示波器

图 3-3　示波器实物外形

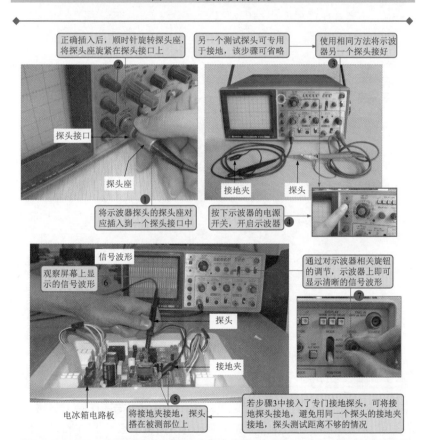

正确插入后，顺时针旋转探头座，将探头座旋紧在探头接口上

另一个测试探头可专用于接地，该步骤可省略

使用相同方法将示波器另一个探头接好

探头接口

探头座

接地夹

探头

将示波器探头的探头座对应插入到一个探头接口中

按下示波器的电源开关，开启示波器

信号波形

观察屏幕上显示的信号波形

探头

通过对示波器相关旋钮的调节，示波器上即可显示清晰的信号波形

接地夹

电冰箱电路板

将接地夹接地，探头搭在被测部位上

若步骤3中接了专门接地探头，可将接地探头接地，避免用同一个探头的接地夹接地，探头测试距离不够的情况

图 3-4　使用示波器检测电冰箱电路系统中信号波形的操作

3.3　学用钳形表

3.3.1　钳形表的特点

扫一扫看视频

　　钳形表也是维修制冷产品电气系统时的常用仪表，钳形表特殊的钳口的设计，可在不断开电路的情况下，方便地检测电路中的交流电流，如空调器整机的起动电流和运行电流，以及压缩机的起动电流和运行电流等。钳形表的结构和实物外形如图 3-5 所示。

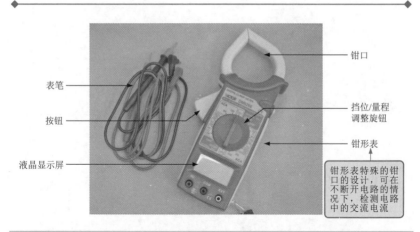

表笔

按钮

液晶显示屏

钳口

挡位/量程
调整旋钮

钳形表

钳形表特殊的钳口的设计，可在不断开电路的情况下，检测电路中的交流电流

图 3-5　钳形表的结构和实物外形

3.3.2　钳形表的使用

　　使用钳形表进行检测操作的方法比较简单，通常选择好量程后，用钳口钳住单根电源线即可。图 3-6 所示为使用钳形表检测空调器整机起动电流的操作。

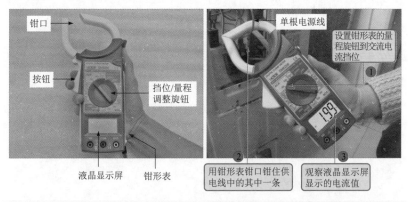

图 3-6　　使用钳形表检测空调器整机起动电流的操作

3.4　学用绝缘电阻表

3.4.1　绝缘电阻表的特点

绝缘电阻表主要用于对绝缘性能要求较高的部件或设备进行检测，用于判断被测部件或设备中是否存在短路或漏电情况等。在制冷产品维修过程中，绝缘电阻表主要用于检测压缩机绕组的绝缘性能。绝缘电阻表的结构和实物外形如图 3-7 所示。

扫一扫看视频

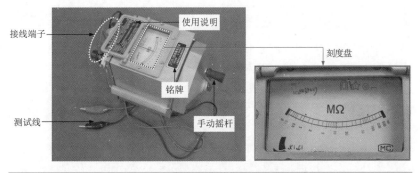

图 3-7　　绝缘电阻表的结构和实物外形

3.4.2　绝缘电阻表的使用

使用绝缘电阻表检测绝缘电阻的方法比较简单，确定好检测部位，将绝缘电阻表测试线夹进行连接，摇动摇杆即可进行检测。图 3-8 所示为使用绝缘电阻表检测空调器压缩机绕组绝缘电阻的操作。

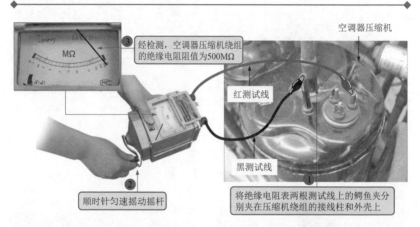

MΩ

③ 经检测，空调器压缩机绕组的绝缘电阻阻值为500MΩ

空调器压缩机

红测试线

黑测试线

② 顺时针匀速摇动摇杆

① 将绝缘电阻表两根测试线上的鳄鱼夹分别夹在压缩机绕组的接线柱和外壳上

图 3-8　使用绝缘电阻表检测空调器压缩机绕组绝缘电阻的操作

3.5　学用电子温度计

3.5.1　电子温度计的特点

电子温度计是用来检测电冰箱冷冻室和冷藏室温度、空调器出风口温度的仪表，可根据测得的温度来判断制冷产品是否工作正常。典型电子温度计的实物外形如图 3-9 所示。

3.5.2　电子温度计的使用

使用电子温度计检测电冰箱温度时，直接将电子温度计的感温头放于检测环境下一段时间后即可。图 3-10 所示为使用电子温度计检测电冰箱箱室中温度的操作。

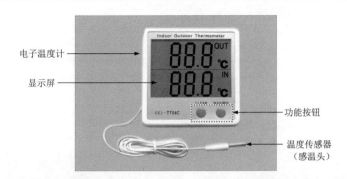

图 3-9　电子温度计的实物外形

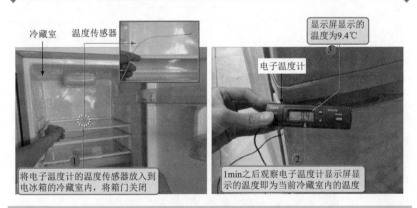

图 3-10　电子温度计的操作

第 4 章
制冷管路的加工焊接

4.1 制冷管路的加工

4.1.1 切管

制冷管路的切割要求非常严格，必须使用专用的切管工具，以免切管产生的金属屑或杂质掉落到制冷管路中，影响制冷循环。

切管时，按图 4-1 所示，对切管器进行使用前的初步调整和准备。

使刀片与滚轮之间的空间能容下需要切割的铜管

调节切管器的进刀旋钮

刀片   滚轮

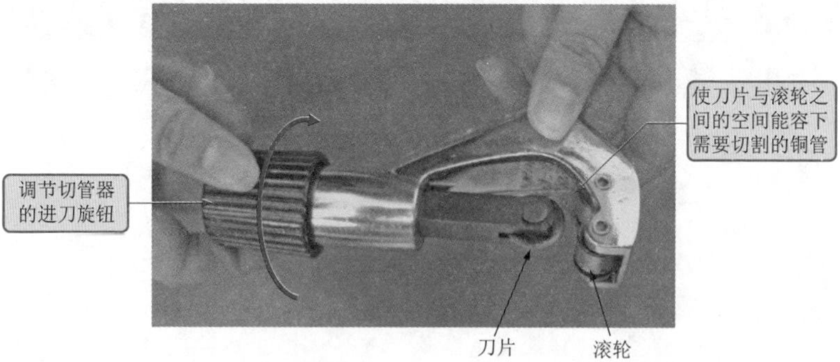

图 4-1 对切管器进行使用前的初步调整和准备

按图 4-2 所示，放置铜管并调整位置。

按图 4-3 所示，开始切割铜管。

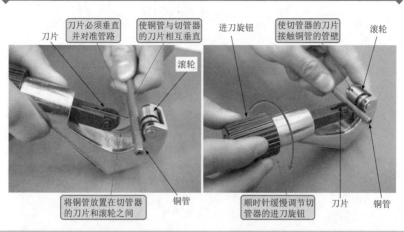

图 4-2　将铜管放置于刀片和滚轮间并调节进刀旋钮

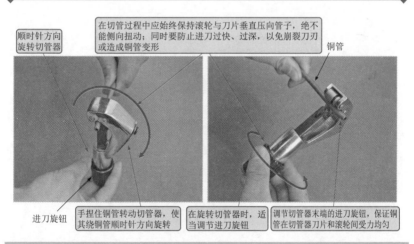

图 4-3　顺时针方向旋转切管器并调节进刀旋钮

按图 4-4 所示，检查切割完成的铜管。

4.1.2　扩管

　　扩管操作时，根据管路连接方式的不同需求，有杯形口和喇叭口两种扩管方式。其中，采用焊接方式连接管口时，一般需扩为杯形口，而采用纳子连接方式时，需扩为喇叭口。

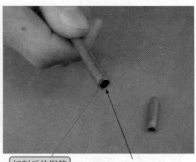

继续旋转
进刀旋钮

边调节进刀旋钮，边将切管器绕
铜管旋转，直到管路被切割开

切割后的铜管
应平整无毛刺

切割后的铜管

图 4-4　检查切割完成的铜管

 1. 扩杯形口

对管路进行扩杯形口操作时，可参照图 4-5 所示的示意图进行操作。

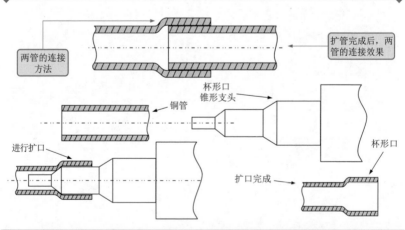

两管的连接
方法

扩管完成后，两
管的连接效果

杯形口
锥形支头

铜管

进行扩口

杯形口

扩口完成

图 4-5　扩杯形口的操作方法示意图

进行杯形口的扩管操作时，一般可按照选配组件、准备工作和实际操作三个步骤进行。

（1）选配组件

图 4-6 为扩管组件使用前的选配原则和方法。

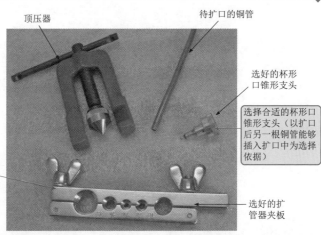

顶压器

待扩口的铜管

选好的杯形口锥形支头

选择合适的杯形口锥形支头（以扩口后另一根铜管能够插入扩口中为选择依据）

选择与待扩铜管的管径相同的扩管器夹板孔径

选好的扩管器夹板

图 4-6　选择扩口工具

（2）扩杯形口前的准备工作

图 4-7 所示为扩口操作前的基本准备工作。

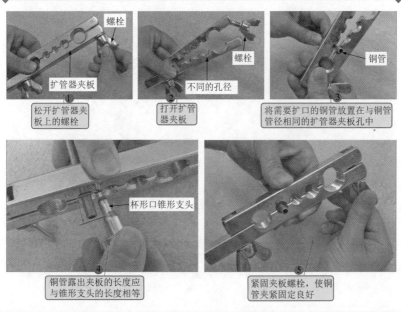

螺栓

扩管器夹板

① 松开扩管器夹板上的螺栓

螺栓

不同的孔径

② 打开扩管器夹板

铜管

③ 将需要扩口的铜管放置在与铜管管径相同的扩管器夹板孔中

杯形口锥形支头

④ 铜管露出夹板的长度应与锥形支头的长度相等

⑤ 紧固夹板螺栓，使铜管夹紧固定良好

图 4-7　扩口操作前的基本准备工作

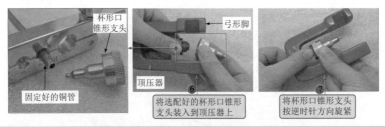

图 4-7　扩口操作前的基本准备工作（续）

（3）扩杯形口的实际操作方法

图 4-8 为扩口操作的步骤和方法。

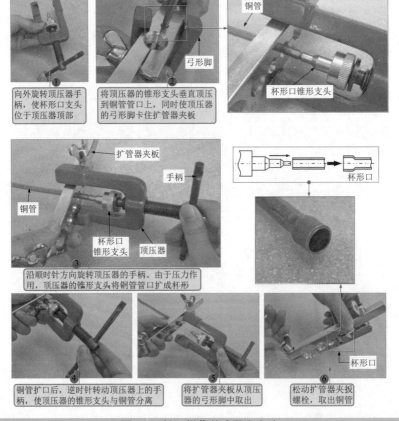

图 4-8　扩口操作的步骤和方法

2. 扩喇叭口

在管路中采用纳子连接时，需要将管路扩成喇叭口。喇叭口的扩管操作与杯形口的扩管操作基本相同，只是在选配组件时，应选择扩充喇叭口的锥形支头。

使用扩管器将铜管管口扩为喇叭口的方法如图4-9所示。

按照与扩压杯形口相同的方法，将喇叭口锥形支头安装在顶压器上，用锥形支头压住管口，进行扩压操作

待管口被扩压成喇叭形后，将顶压器取下即可看到扩压好的管口。查看喇叭大小是否符合要求，有无裂痕

图4-9　使用扩管器将铜管管口扩为喇叭口

要点说明

在扩管操作中，要始终保持顶压支头与管口垂直，施力大小要适中，以免造成管口开裂、歪斜等问题，如图4-10所示。

由于施力过大或顶压支头尺寸与管口不匹配，造成管口出现开裂的现象

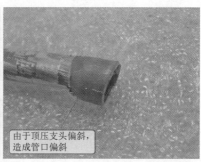

由于顶压支头偏斜，造成管口偏斜

图4-10　管口开裂、歪斜

要点说明

　　值得注意的是，不同管径的制冷铜管，扩喇叭口的形状和尺寸不同，如图4-11所示。

　　另外，使用扩管器扩喇叭口后，要求扩口与母管同径，不可出现偏心的情况，不应产生纵向裂纹，否则需要割掉管口重新扩口，图4-12为其工艺要求和合格喇叭口与不合格喇叭口的对照比较。

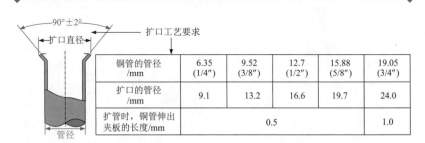

铜管的管径 /mm	6.35 (1/4″)	9.52 (3/8″)	12.7 (1/2″)	15.88 (5/8″)	19.05 (3/4″)
扩口的管径 /mm	9.1	13.2	16.6	19.7	24.0
扩管时，铜管伸出夹板的长度/mm	0.5				1.0

图 4-11　不同管径制冷铜管喇叭口的形状和尺寸要求

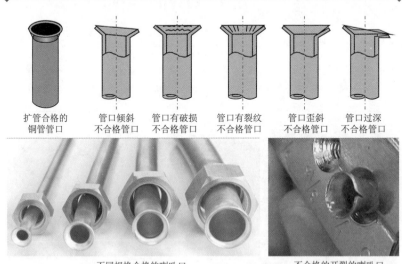

扩管合格的铜管管口　　管口倾斜不合格管口　　管口有破损不合格管口　　管口有裂纹不合格管口　　管口歪斜不合格管口　　管口过深不合格管口

不同规格合格的喇叭口　　　　　　　　　　不合格的开裂的喇叭口

图 4-12　合格喇叭口与不合格喇叭口的对照比较

4.1.3 弯管

制冷管路经常需要弯成特定的形状，为了保证系统循环的效果，对于管路的弯曲有严格的要求，在操作过程中，需要保证管道内腔不能凹瘪或变形，具体操作如图 4-13 所示。

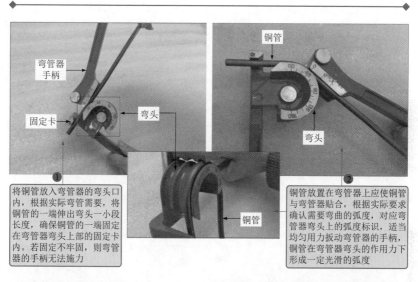

① 将铜管放入弯管器的弯头口内，根据实际弯管需要，将铜管的一端伸出弯头一小段长度，确保铜管的一端固定在弯管器弯头上部的固定卡内。若固定不牢固，则弯管器的手柄无法施力

② 铜管放置在弯管器上应使铜管与弯管器贴合，根据实际要求确认需要弯曲的弧度，对应弯管器弯头上的弧度标识，适当均匀用力扳动弯管器的手柄，铜管在弯管器弯头的作用力下形成一定光滑的弧度

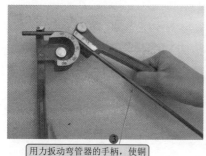

③ 用力扳动弯管器的手柄，使铜管按弯管器的形状弯曲

④ 操作弯管器时，应双手同时用力向内扳动

图 4-13 弯管的操作技能

⑤ 操作人员根据需求将
管路弯曲固定的角度

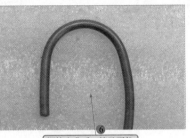

⑥ 铜管弯曲后，管壁不能
出现凹瘪或变形的情况

图 4-13　弯管的操作技能（续）

相关资料

　　弯管操作时，除了手动弯管外，还可以进行机械弯管。手动弯管适合直径较细的铜管，通常直径在 6.35～12.7mm 之间；机械弯管适合较粗的铜管，通常直径在 6.35～44.45mm 之间。进行弯管时，铜管弯曲的弯曲半径应大于 3.5 倍的直径，铜管弯曲变形后的短径与原直径之比应大于 2/3。弯管加工时，铜管内侧不能起皱或变形，如图 4-14 所示；管道的焊接接口不应放在弯曲部位，接口焊缝距铜管弯曲部位的距离应不小于 100mm。

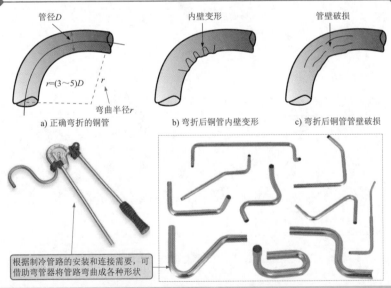

管径D

内壁变形

管壁破损

$r=(3～5)D$　r

弯曲半径r

a) 正确弯折的铜管　　　　　b) 弯折后铜管内壁变形　　　　c) 弯折后铜管管壁破损

根据制冷管路的安装和连接需要，可借助弯管器将管路弯曲成各种形状

图 4-14　空调器制冷管路弯管加工要求

4.2 制冷管路的焊接

4.2.1 接管

　　制冷管路的连接是指使用连接部分将两根不同的管路或部件连接起来。常用的连接部件主要有纳子（拉紧螺母）等。

　　纳子是制冷管路连接时常用的连接部件，图 4-15 所示为纳子的实物外形。

图 4-15　纳子的实物外形

　　使用纳子进行管路连接，是指将纳子与制冷设备中的接管螺纹紧密咬合，实现管路的连接。

　　按图 4-16 所示，将纳子套在铜管的一端。

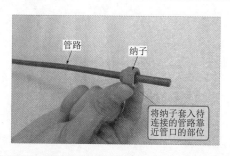

图 4-16　将纳子套在铜管的一端

按图 4-17 所示，将套好纳子的铜管的管口扩为喇叭口。

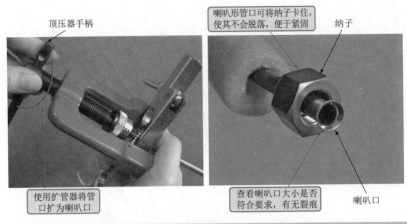

顶压器手柄

喇叭形管口可将纳子卡住，使其不会脱落，便于紧固

纳子

使用扩管器将管口扩为喇叭口

查看喇叭口大小是否符合要求，有无裂痕

喇叭口

图 4-17　将套好纳子的铜管的管口扩为喇叭口

按图 4-18 所示，将纳子与制冷设备待连接管路上的接管螺纹连接。

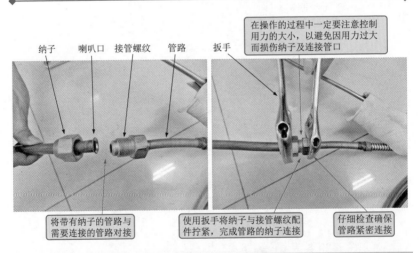

纳子　喇叭口　接管螺纹　管路　扳手

在操作的过程中一定要注意控制用力的大小，以避免因用力过大而损伤纳子及连接管口

将带有纳子的管路与需要连接的管路对接

使用扳手将纳子与接管螺纹配件拧紧，完成管路的纳子连接

仔细检查确保管路紧密连接

图 4-18　将纳子与制冷设备待连接管路上的接管螺纹连接

4.2.2　焊管

使用气焊设备对制冷设备的制冷管路进行管路焊接时，首先打

开燃气瓶、氧气瓶的总阀门，并对输出的压力进行调整，如图 4-19 所示。

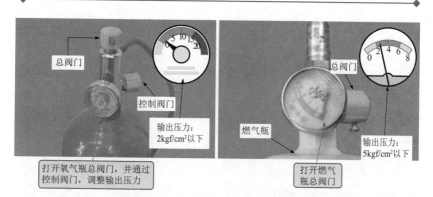

图 4-19　打开并调整燃气瓶、氧气瓶的方法

调整好气焊的压力后，接下来应按要求进行气焊设备的点火操作，如图 4-20 所示。点火时应先打开焊枪上的燃气控制阀门进行点火，再打开焊枪上的氧气控制阀门，调整火焰。

图 4-20　气焊设备的点火操作方法

要点说明

使用气焊设备的点火顺序为：先分别打开燃气瓶和氧气瓶阀门（无前后顺序，但应确保焊枪上的控制阀门处于关闭状态），然后打开焊枪上的燃气控制阀门，接着迅速点火，最后打开焊枪上的氧气控制阀门，调整火焰至中性焰。

另外，若气焊设备焊枪枪口有轻微氧化物堵塞，可首先打开焊枪上的氧气控制阀门，用氧气吹净焊枪枪口，然后将氧气控制阀门调至很小或关闭后，再打开燃气控制阀门，接着点火，最后再打开氧气控制阀门，调至中性焰。

管路焊接前，应将焊枪的火焰调整至最佳的状态，若调整不当，则会造成管路焊接时产生氧化物或出现无法焊接的现象。

调节焊枪火焰的方法如图 4-21 所示。

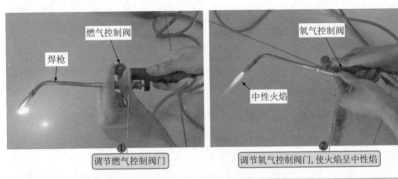

图 4-21　调节焊枪火焰的方法

🔍 **要点说明**

在调节火焰时，如氧气或燃气开得过大，不易出现中性焰，反而成为不适合焊接的过氧焰或碳化焰。过氧焰温度高，火焰逐渐变成蓝色，焊接时会产生氧化物；而碳化焰的温度较低，无法焊接管路。

图 4-22 为使用气焊时不同的火焰比较。

调整好焊枪的火焰后，则需要使用气焊设备对管路进行焊接，在焊接操作时，要确保对焊口处均匀加热，不允许使用焊枪的火焰对管路的某一部件进行长时间加热，否则会使管路烧坏。

使用气焊设备对管路进行焊接的方法如图 4-23 所示。

焊接完成后，按先关氧气后关燃气的顺序关闭气焊设备，并待管路冷却后，确定焊接是否正常，如图 4-24 所示。

碳化焰表明燃气过多，氧气少。碳化焰外焰特别长而柔软，呈橘红色，不适合制冷设备管路焊接

中性焰外焰呈天蓝色，中焰呈亮蓝色，而焰心呈明亮的蓝色

过氧焰表明氧气过多，燃气少。过氧焰焰心短而尖，内焰呈淡蓝色，外焰呈蓝色，火焰挺直，燃烧时发出急剧的"嘶嘶"声

中性焰表明燃气和氧气比例适中

图 4-22　中性焰、过氧焰、碳化焰比较

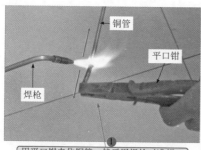
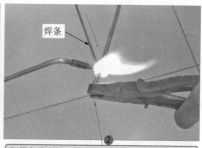

铜管

平口钳

焊枪

焊条

① 用平口钳夹住铜管，然后用焊枪对准焊口均匀加热，当铜管被加热到呈暗红色时，即可进行焊接

② 把焊条放到焊口处，利用中性焰的高温将其熔化，待熔化的焊条均匀地包围在两根铜管的焊接处时即可将焊条取下

图 4-23　使用气焊设备对管路进行焊接的方法

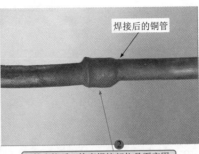

焊接后的铜管

① 先关闭氧气控制阀，再关闭燃气控制阀，之后依次关闭燃气瓶和氧气瓶上的阀门

② 焊接完毕后，检查焊接部位是否牢固、平滑，有无明显焊接不良的问题

图 4-24　管路焊接完成后按要求关火

第5章
制冷管路检修

5.1 充氮检漏

5.1.1 充氮检漏的特点

充氮检漏是指向制冷设备的管路系统充入氮气，达到一定的压力后，检测管路有无泄漏，保证制冷设备管路系统的密封性。图 5-1 为制冷管路充氮检漏设备的连接关系示意图。

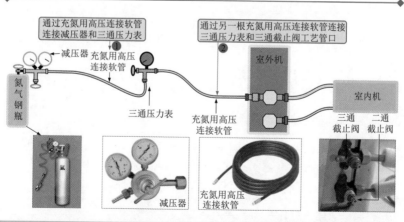

通过充氮用高压连接软管连接减压器和三通压力表 ①

通过另一根充氮用高压连接软管连接三通压力表和三通截止阀工艺管口 ②

减压器　充氮用高压连接软管

氮气钢瓶

三通压力表

室外机

充氮用高压连接软管

室内机

三通截止阀　二通截止阀

减压器

充氮用高压连接软管

图 5-1　制冷管路充氮检漏设备的连接关系示意图

以空调器制冷管路为例，充氮使空调器管路系统具有一定的压力后，通过三通压力表检测管路系统的密闭性。通过充氮增大管路压力，最高静态压力可达 2MPa，大于制冷剂的最大静态压力 1MPa，有利于检测漏点。

　　如图 5-2 所示，氮气钢瓶是盛放氮气的高压钢瓶。由于氮气钢瓶中的压力较大，在使用氮气时，在氮气瓶阀门处通常会连接减压器，并根据需要调节氮气瓶的出气压力。

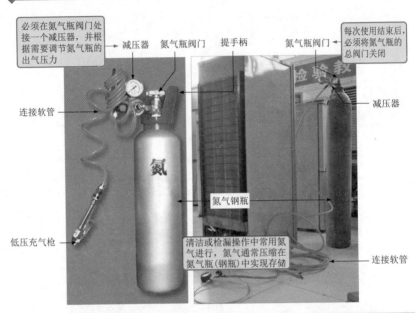

图 5-2　氮气及钢瓶的实物外形及适用场合

5.1.2　充氮检漏的方法

 1. 连接减压器与氮气钢瓶

　　图 5-3 为减压器与氮气钢瓶的连接操作。由于氮气钢瓶中的氮气压力较大，因此在使用时，必须在氮气钢瓶阀门处连接减压器，并根据需要调节不同的出气压力，使充氮压力符合操作要求。

 2. 连接减压器与制冷设备二通截止阀

　　充氮设备与待测制冷设备的连接主要是通过充氮用高压连接软管完成的。图 5-4 为减压器与制冷设备（空调器室外机）二通截止阀的连接操作。

减压器

将减压器进气口直接旋紧在氮气钢瓶的阀门上

图 5-3　减压器与氮气钢瓶的连接操作

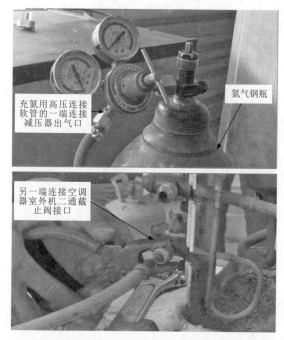

充氮用高压连接软管的一端连接减压器出气口

氮气钢瓶

另一端连接空调器室外机二通截止阀接口

图 5-4　减压器与制冷设备（空调器室外机）二通截止阀的连接操作

要点说明

二通截止阀又叫液体截止阀或低压截止阀，由于制冷剂在通过二通截止阀时呈液体状态，压强较低，所以二通截止阀的管路较细。图5-5为空调器室外机二通截止阀的结构组成。

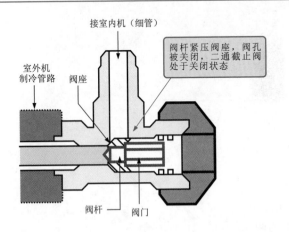

接室内机（细管）

室外机制冷管路

阀座

阀杆紧压阀座，阀孔被关闭，二通截止阀处于关闭状态

阀杆　　阀门

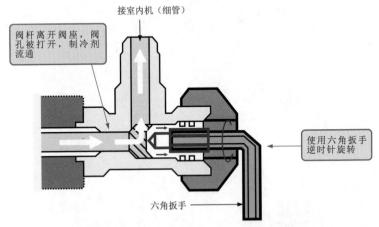

接室内机（细管）

阀杆离开阀座，阀孔被打开，制冷剂流通

使用六角扳手逆时针旋转

六角扳手

图5-5　空调器室外机二通截止阀的结构组成

 3. 充氮检漏

充氮设备连接好后，即可按照规范要求的顺序打开各设备的开关或

阀门向管路充氮。

　　同样以空调器制冷管路为例。如图 5-6 所示，用扳手将室外机的三通截止阀关紧，打开二通截止阀。

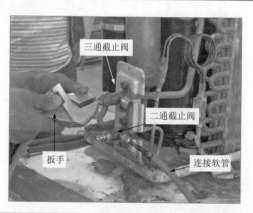

图 5-6　关紧三通截止阀并打开二通截止阀

　　如图 5-7 所示，用扳手打开氮气钢瓶上的总阀门，调节与氮气钢瓶连接的减压器上的调压手柄，使出气压力大约为 1.5MPa。

图 5-7　打开氮气钢瓶总阀门并调节压力

　　如图 5-8 所示，持续向空调器室外机管路系统充入氮气，增加系统压力，然后开始保压检测。

图 5-8　充氮检漏的方法

要点说明

　　若三通压力表数值减小，说明空调器室内机存在漏点，应重点检查蒸发器和室内机连接管路。

　　若三通压力表数值不变，说明空调器室内机管路正常，此时分别打开三通截止阀和二通截止阀的阀门，使室内外机管路形成通路。若三通压力表数值减小，则说明空调器室外机管路存在漏点，应重点检查冷凝器和室外机管路。

　　若三通压力表数值一直保持不变，打开三通截止阀和二通截止阀的阀门后，数值仍不变，则说明空调器室内机与室外机管路均无漏点。

　　值得注意的是，严禁将氧气充入制冷系统进行检漏。压力过高的氧气遇到压缩机中的冷冻油会有爆炸的危险。

5.2 抽真空

5.2.1 抽真空的特点

抽真空设备主要包括真空泵、三通压力表、连接软管及转接头等设备。

其中，真空泵是对空调器的制冷系统进行抽真空时用到的专用设备。在空调器管路系统的维修操作中，只要出现将空调器的管路系统打开的情况，必须使用真空泵进行抽真空操作。

图 5-9 为常用真空泵的实物外形。使用真空泵时，需要将其与三通压力表进行连接。空调器检修中常用的真空泵的规格为 2~4L/s（排气能力）。为防止介质回流，真空泵需带有电子止回阀。

扫一扫看视频

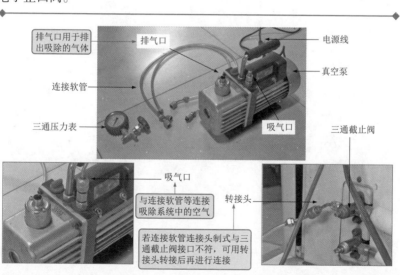

排气口用于排出吸除的气体

排气口

电源线

连接软管

真空泵

三通压力表

吸气口

三通截止阀

吸气口

与连接软管等连接吸除系统中的空气

转接头

若连接软管连接头制式与三通截止阀接口不符，可用转接头转接后再进行连接

图 5-9　真空泵的实物外形及适用场合

要点说明

在空调器维修操作中，进行更换管路部件等任何可能导致空气进入管路系统的操作后，都要进行抽真空操作。

　　真空泵质量的好坏将直接影响到空调器维修后的制冷效果的好坏。若真空泵质量不好，会使制冷系统中残留有少量空气，使制冷效果变差。因此，在对空调器制冷系统进行抽真空处理时，一定要使用质量合格的真空泵，并且要严格按照要求，将制冷系统内的气体全部排空。

　　图5-10为空调器管路与抽真空设备的连接关系。

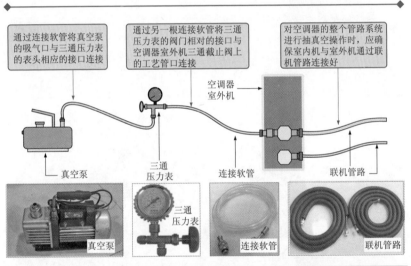

图 5-10　空调器管路与抽真空设备的连接关系

5.2.2　抽真空的方法

　　在对空调器进行抽真空前，应先根据要求连接相关的抽真空设备。图5-11为抽真空设备与空调器的连接。

　　抽真空设备连接完成后，根据操作规范要求的顺序打开各设备开关或阀门，然后开始对空调器管路系统抽真空。

　　图5-12为空调器管路抽真空的操作顺序。

　　图5-13为空调器抽真空操作的具体方法。

连接三通压力表

真空泵

连接真空泵

连接三通截止阀

图 5-11　抽真空设备与空调器的连接

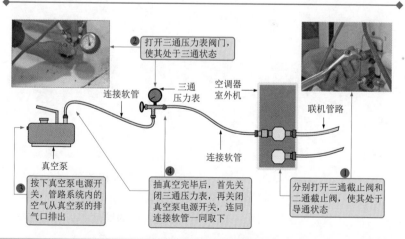

❷ 打开三通压力表阀门，使其处于三通状态

连接软管

三通压力表

空调器室外机

联机管路

连接软管

真空泵

❸ 按下真空泵电源开关，管路系统内的空气从真空泵的排气口排出

❹ 抽真空完毕后，首先关闭三通压力表，再关闭真空泵电源开关，连同连接软管一同取下

❶ 分别打开三通截止阀和二通截止阀，使其处于导通状态

图 5-12　空调器管路抽真空的操作顺序

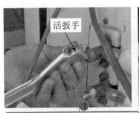

①将三通截止阀和二通截止阀的控制阀门打开，使其分别处于三通、二通状态

②打开三通压力表的阀门，也使其处于三通状态

③按下真空泵的电源开关，开始进行抽真空

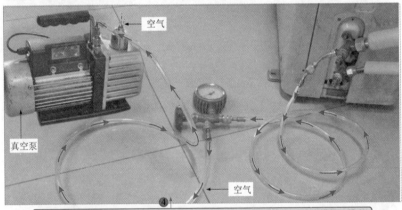

④空调器管路中的空气经连接软管、三通压力表、真空泵的吸气口后，由排气口排出

⑤当真空泵抽真空运行约20min，或当三通压力表上显示数值为-0.1MPa时，即达到抽真空要求

图 5-13　空调器抽真空操作的具体方法

　　达到抽真空要求后，将三通压力表上的阀门关闭，再将真空泵电源关闭，抽真空操作完成。

相关资料

抽真空操作中，在开启真空泵电源前，应确保空调器整个管路系统是一个封闭的回路；二通截止阀、三通截止阀的控制阀门应打开；三通压力表也处于三通状态。

关闭真空泵电源时，要先关闭三通压力表，再关闭真空泵电源，否则可能会导致系统中进入空气。

另外，在空调器抽真空操作中，若一直无法将管路中的压力抽至-0.1MPa，表明管路中存在泄漏点，应进行检漏和修复。

要点说明

在空调器抽真空操作结束后，可保留三通压力表与空调器室外机三通截止阀工艺管口的连接，观察压力表指针指示状态，正常情况下应保持-0.1MPa不变。若放置一段时间后发现三通压力表显示的数值变大或抽真空操作一直抽不到-0.1MPa状态，则说明管路系统存在泄漏点。

5.3　充注制冷剂

5.3.1　制冷剂的特点

在空调器系统中，制冷剂是空调器管路系统中完成制冷循环的介质，常用的制冷剂主要有R22、R407c、R410a、R32、R290。

1. R22

R22是空调器中使用率最高的制冷剂，许多老型号空调器都采用R22作为制冷剂。该制冷剂含有氟利昂，对臭氧层有严重的破坏作用。

2. R407c

R407c是一种不破坏臭氧层的环保制冷剂，它与R22有着极为相近的特性和性能，应用于各种空调器系统和非离心式制冷系统。R407c可直接应用于原R22的制冷系统，不用重新设计系统，只需更换原系统的少量部件以及将原系统内的矿物冷冻油更换成能与 R407c 互溶的润滑油，就可直接充注 R407c，实现原设备的环保更换。

3. R410a

R410a 是一种新型环保制冷剂，不破坏臭氧层，具有稳定、无毒、性能优越等特点，工作压力为普通 R22 空调器的 1.6 倍左右，制冷（暖）效率高，可提高空调器的工作性能。

4. R32

R32（分子式为 CH_2F_2）又称 HFC-32、F-32，中文名为二氟甲烷，是一种新型环保制冷剂，具有沸点较低、蒸气饱和压力较低、制冷系数大、ODP（消耗臭氧潜能值）为 0、温室效应系数较小等特点。

R32 在常温下无色、无味，在自身压力下为无色透明液体，易溶于油，难溶于水，无毒、可燃。

与 R410a 相比，R32 无毒、可燃（A2L 级别），R410a 不可燃（A1 级别）；R32 与 R410a 热学性能非常接近；与 R22 相比，R32 的 CO_2 减排比例可达 77.6%（而 R410a 的 CO_2 减排比例仅为 2.5%），符合国际减排要求。

表 5-1 为 R32 与 R410a 性能比较（以 1.5 匹变频空调器为例）。

表 5-1　R32 与 R410a 性能比较

制冷剂类型	R32	R410a	R32	R410a	R32	R410a
比较项目	额定制冷量		中间制冷量		额定制热量	
能力/W	2723	2531	1437	1381	3842	3643
功率/W	841	829	372	353	1153	1126
毛细管规格/mm	1.3×800	1.3×500	1.3×800	1.3×500	1.3×800+1.5×650	1.3×500+1.5×600
排气温度/℃	80.6	63.9	61.1	48.1	85.7	66.6
回气温度/℃	11.9	12.2	17.2	17.9	0.1	0.0

要点说明

　　R32 具有可燃性，需要具有专业性的操作知识，安装和维修等操作者需有相关部门或机构培训考核合格后颁发的相关资质。

5. R290

R290（丙烷）是一种新型环保制冷剂，主要用于中央空调器、热泵空调器、家用空调器和其他小型制冷设备。R290 对臭氧层完全没有破坏，并且温室效应非常小，是目前最环保的制冷剂，但由于 R290 易燃易爆，目前常只用于充液量较少的低温制冷设备中，或者作为低温混配冷媒的一种组分。R290 与传统的润滑油兼容。

表 5-2 为 R290 的性能特点。

表 5-2　R290 的性能特点

性能	R290	性能	R290
ODP	0	饱和蒸气压（25℃）/MPa	0.953
沸点（1atm）/℃	−42.2	是否易燃	是
临界温度/℃	96.7	是否易爆	是
临界压力/MPa	4.25	ASHRAE 安全级别	A3

相关资料

制冷设备从发明到普及，一直都在进行制冷技术的不断改进，其中制冷剂的技术革新是很重要的一方面。制冷剂属于化学物质，早期的制冷剂由于使用材料与制造工艺的问题，制冷效果不是很理想，并且对人体和环境影响很严重。这就促使制冷剂的设计人员不断地对制冷剂的替代品进行技术革新。

过去使用的制冷剂，如 R11、R12 等，其制冷性能比较优越，但是它对臭氧层存在破坏性，而被列入禁用的系列，还有一些常用的制冷剂性能也不错，如 R22，但也因存在对臭氧层破坏的风险，而被列入过渡产品。而开发新型制冷剂，一直是该领域的目标。

● R22、R123 是应用比较多的制冷剂，是 HCFC 类制冷剂。

● R134a 是作为 R12 的替代物出现的。R600a 也是一种新型制冷剂，但它不能与 R134a 互相代换。

● R404a 和 R410a 是混合制冷剂，目前只在小机组上使用。

● R134a、R407c、R404a、R410a、R507 等制冷剂在使用时，需要使用合成油，例如 POE 油。

● R32、R290 是新型环保制冷剂。按照国际环保规定，2030 年前必须完成非环保制冷剂的淘汰，使用 GWP（全球增温潜能值）较低的制冷剂工质，R32、R290 将成为行业的新宠。

不同类型的制冷剂化学成分不同，因此性能也不相同，表 5-3 为 R22、R407c 以及 R410a 制冷剂性能的对比。

表 5-3　制冷剂性能的对比

制冷剂	R22	R407c	R410a
制冷剂类型	旧制冷剂（HCFC）	新制冷剂（HFC）	
成分	R22	R32/R125/R134a	R32/R125
使用制冷剂	单一制冷剂	近共沸混合制冷剂	非共沸混合制冷剂
氟	有	无	无
沸点/℃	−40.8	−43.6	−51.4
蒸气压力（25℃）/MPa	0.94	0.9177	1.557
ODP	0.055	0	0
制冷剂填充方式	气体	以液态从钢瓶取出	以液态从钢瓶取出
冷媒泄漏是否可以追加填充	可以	不可以	可以

由于使用 R22 和 R410a 的空调器管路中的压力有所不同，在充注制冷剂时，使用的连接软管材质以及耐压值也有所不同，并且连接软管的纳子连接头直径也不相同，见表 5-4。

表 5-4　制冷剂连接软管的异同点

制冷剂		R410a	R22
连接软管耐压值	常用压力	5.1MPa（52kgf/cm²）	3.4MPa（35kgf/cm²）
	破坏压力	27.4MPa（280kgf/cm²）	17.2MPa（175kgf/cm²）
连接软管材质		氢化丁腈橡胶 内部是尼龙	氯丁橡胶
接口尺寸		1/2-20　UNF	7/16-20　UNF

不同类型制冷剂的 GWP 和 ODP 值见表 5-5 所列。

表 5-5　不同类型制冷剂的 GWP 和 ODP 值

比较项目	制冷剂类型			
	R22	R410a	R32	R290
分子式	CHClF$_2$	R32/R125	CH$_2$F$_2$	C$_3$H$_8$
GWP	1700	1900	580	3
ODP	0.055	0	0	0

5.3.2　制冷剂的存放

制冷剂在充入空调器管路系统前，存放于制冷剂钢瓶中，如图 5-14 所示。充注制冷剂时，制冷剂的流量大小主要通过制冷剂钢瓶上的控制阀门进行控制，在不进行充注制冷剂时，一定要将阀门拧紧，以免制冷剂泄漏，污染环境。

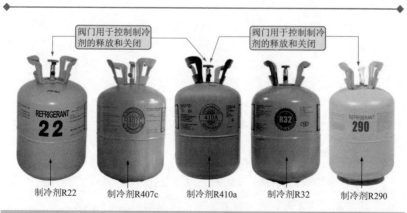

图 5-14　制冷剂钢瓶

制冷剂通常都封装在钢瓶中，常见的钢瓶可以分为有虹吸功能和无虹吸功能的钢瓶，如图 5-15 所示。有虹吸功能的制冷剂钢瓶可以正置充注制冷剂，而无虹吸功能的制冷剂钢瓶需要倒置充注制冷剂。

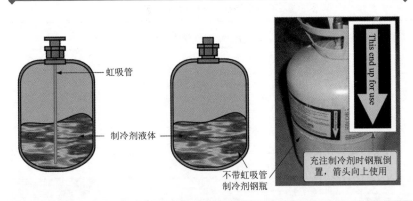

图 5-15　制冷剂钢瓶的内部结构图

5.3.3　充注制冷剂的方法

充注制冷剂是检修制冷管路的重要技能。制冷管路检修之后或管路中制冷剂泄漏等都需要充注制冷剂。

充注制冷剂的量和类型一定要符合制冷设备的标称量，充入的量过多或过少都会对制冷设备的制冷效果产生影响。因此，在充注制冷剂前，可首先根据制冷设备的铭牌标识识别制冷剂的类型和标称量，图 5-16 所示为空调器的铭牌标识。

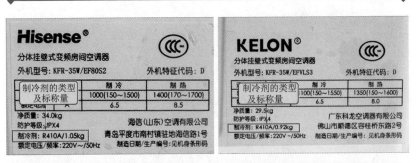

图 5-16　通过制冷设备的铭牌标识识别制冷剂的类型和标称量

1. 充注制冷剂设备的连接

充注制冷剂设备包括盛放制冷剂的钢瓶、三通压力表、连接软管等。以空调器为例，按照要求将这些设备与空调器室外机三通截止阀上的工艺管口连接即可，如图5-17所示。

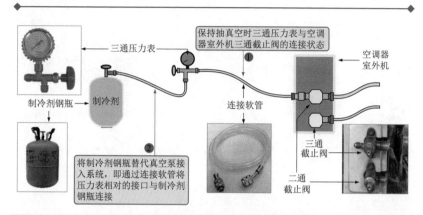

图5-17　充注制冷剂设备的连接顺序示意图

要点说明

在制冷维修操作中，抽真空、重新充注制冷剂是完成管路部分检修后必需的、连续性的操作环节。因此，在抽真空操作时，三通压力表阀门相对的接口已通过连接软管与制冷设备三通截止阀上的工艺管口接好，操作完成后，只需将氮气瓶连同减压器取下即可，其他设备或部件仍保持连接，这样在下一个操作环节时，相同的连接步骤无需再次进行，可有效减少重复性操作步骤，提高维修效率。

如图5-18所示，根据充注制冷剂设备的连接关系图，将制冷剂钢瓶与三通压力表、制冷设备连接。

 2. 充注制冷剂的操作方法

充注制冷剂的设备连接完成后，需要根据操作规范要求的顺序打开各设备开关或阀门，开始对空调器管路系统充注制冷剂。

图5-19为充注制冷剂设备的操作顺序示意图。

图5-20为充注制冷剂的具体操作方法。

扫一扫看视频

抽真空完成后保持三通截止阀工艺管口与三通压力表的连接，无需重复连接，且能保证连接软管中无空气进入

将制冷剂钢瓶上的阀口与另一根连接软管（或加氟管）的一端连接

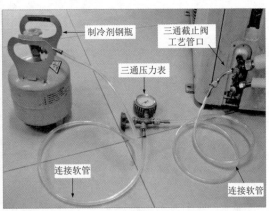

制冷剂钢瓶　三通截止阀工艺管口　三通压力表　连接软管　连接软管

图 5-18　充注制冷剂设备的连接方法

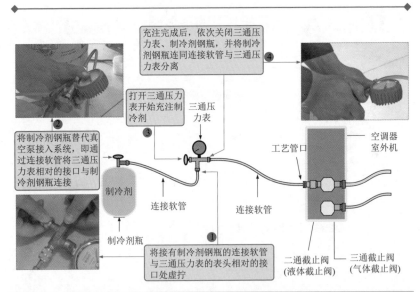

充注完成后，依次关闭三通压力表、制冷剂钢瓶，并将制冷剂钢瓶连同连接软管与三通压力表分离 ④

打开三通压力表开始充注制冷剂 ③

将制冷剂钢瓶替代真空泵接入系统，即通过连接软管将三通压力表相对的接口与制冷剂钢瓶连接 ②

三通压力表　制冷剂　制冷剂瓶　连接软管　连接软管　工艺管口　空调器室外机　二通截止阀（液体截止阀）　三通截止阀（气体截止阀）

将接有制冷剂钢瓶的连接软管与三通压力表的表头相对的接口处虚拧 ①

图 5-19　充注制冷剂设备的操作顺序示意图

将接有制冷剂钢瓶的连接软管与三通压力表的表头相对的接口处虚拧

打开制冷剂钢瓶阀门，制冷剂将连接软管中的空气从虚拧处排出

三通压力表

当连接软管虚拧处有轻微制冷剂流出时，表明空气已经排净，迅速拧紧虚拧部分

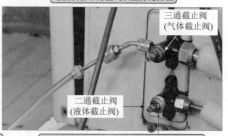

三通截止阀
(气体截止阀)

二通截止阀
(液体截止阀)

将虚拧的连接软管拧紧，打开三通压力表，使其处于三通状态，开始充注制冷剂

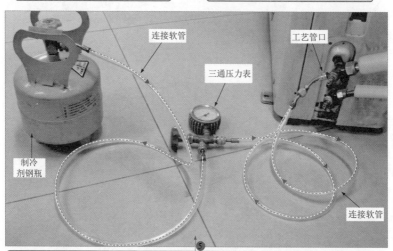

连接软管

工艺管口

三通压力表

制冷剂钢瓶

连接软管

充注制冷剂操作一般分多次完成，即开始充注制冷剂约10s后，关闭压力表、关闭制冷剂钢瓶，开机运转几分钟后，开始第二次充注。充注第二次时同样充注10s左右后停止充注，运转几分钟后，再开始第三次充注。制冷剂充注完成后，依次关闭三通压力表、制冷剂钢瓶，并将制冷剂钢瓶连同连接软管与三通压力表分离

图 5-20　充注制冷剂的具体操作方法

63

以空调器为例，在充注制冷剂时，将空调器打开，在制冷模式下运行。空调器室外机上的三通截止阀和二通截止阀应保持在打开的状态。充注时，应严格按照待充注制冷剂空调器铭牌标识上标注的制冷剂类型和充注量进行充注。若充入的量过多或过少，都会对空调器的制冷效果产生影响。

制冷剂可在夏季空调器制冷状态下充注，也可在冬季制热状态下充注，两种工作模式下制冷剂的充注要点如下。

夏季制冷模式下充注制冷剂：

● 要在监测三通压力表的同时充注，当制冷剂充注至 $0.4\sim0.5MPa$ 时，用手触摸三通截止阀温度，若温度低于二通截止阀，则说明系统内制冷剂的充注量已经达到要求。

● 制冷系统管路有裂痕导致系统内无制冷剂引起空调器不制冷的故障，或更换压缩机后系统需要充注制冷剂时，如果开机在液态充注，则压力达到 $0.35MPa$ 时应停止充注，将空调器关闭，等待 $3\sim5min$，系统压力平衡后再开机运行，根据运行压力决定是否需要补充制冷剂。

冬季制热模式下充注制冷剂：

● 空调器在制热运行时，由于系统压力较高，空调器在开机之前最好将三通压力表连接完毕。在连接三通压力表的过程中，最好戴橡胶手套，以防止喷出的制冷剂将手冻伤。维修完毕后还要取下三通压力表，在取下三通压力表之前，建议先将制热模式转换成制冷模式，再将三通压力表取下。

● 在冬季充注制冷剂时，最好将模式转换为制冷模式，若条件有限，则可直接将电磁四通阀线圈的零线拔下，拔下时，确认无误后再操作。

空调器充注制冷剂一般可分为 5 次进行，充注时间一般在 20min 内，可同时观察压力表显示的压力，判断制冷剂充注是否完成。根据检修经验，制冷剂充注完成后，开机一段时间（至少 20min），如果出现以下几种情况，表明制冷剂充注成功。

夏季制冷模式下：

● 空调器充注制冷剂时，压力表显示的压力值在 $0.4\sim0.45MPa$

之间。

- 整机运行电流等于或接近额定值。
- 空调器二通截止阀和三通截止阀都有结霜现象，用手触摸三通截止阀时感觉冰凉，并且温度低于二通截止阀的温度。
- 蒸发器表面有结霜现象，用手触摸，整体温度均匀并且偏低。
- 用手触摸冷凝器时，温度为热→温→接近室外温度。
- 室内机出风口吹出的温度较低，进风口温度减去出风口温度大于9℃，并且房间内温度可以达到制冷要求，室外机排水管有水流出。

冬季制热模式下：

- 运行压力接近2MPa。
- 整机运行电流等于或接近额定值。
- 用手触摸二通截止阀时，温度较高，蒸发器温度较高并且均匀，冷凝器表面有结霜现象。
- 出风口温度较高，出风口温度减去进风口温度大于15℃。

空调器充注制冷剂完成后，保持三通压力表连接在空调器三通截止阀工艺管口上，在空调器运行20min后，通过观察三通压力表上显示的压力变化情况（在正常情况下，运行20min后，运行压力应维持在0.45MPa，夏季制冷模式下最高不超过0.5MPa），通过保压测试判断空调器管路系统的运行状况。

第 6 章
制冷设备的结构原理

6.1　电冰箱的结构原理

6.1.1　电冰箱的结构特点

电冰箱是一种带有制冷装置的储藏柜，它能将放入储藏柜的食物或其他物品进行冷态保存，以延长食物或其他物品的存放期限，图 6-1 所示为常见的电冰箱实物图。

图 6-1　常见的电冰箱实物图

图 6-2 所示为典型电冰箱的结构分解图。由图中可知，该电冰箱主要是由箱体、门组件、压缩机组件、节流及闸阀组件、热交换组件以及电路部分等组成的。

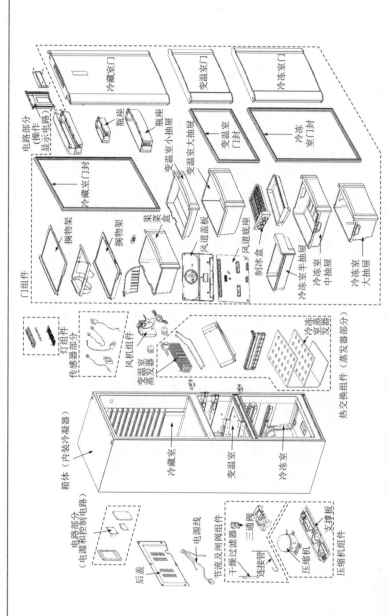

图 6-2　典型电冰箱的结构分解图

1. 外部结构

图 6-3 所示三星 BCD-226MJV 型电冰箱的外部结构。由图中可知，该电冰箱的外部主要是由箱体、冰箱门（包括冷藏室门、变温室门和冷冻室门）、操作显示面板、电路板盖板、后盖、压缩机盖板等组成的。

图 6-3　三星 BCD-226MJV 型电冰箱的外部结构

将电冰箱的门打开后，就可以看到电冰箱的冷藏室及门封、变温室及门封、冷冻室及门封，以及照明灯组件、除臭器、门开关、冷藏室搁架、瓶架、抽屉等，如图 6-4 所示。

 2. 内部结构

将电冰箱的电路板盖板以及压缩机盖板拆开后，便可以看到其内部结构。图 6-5 所示为三星 BCD-226MJV 型电冰箱的内部结构图，该电冰箱的内部主要是由压缩机组件、节流及闸阀组件、热交换组件（冷凝器位于箱体内）、电路部分等组成的。

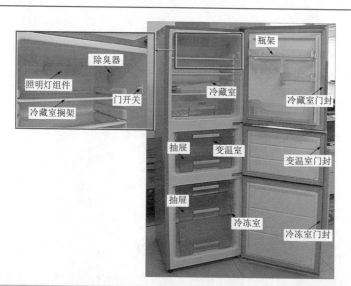

图 6-4　打开冰箱门后的结构

图 6-5　三星 BCD-226MJV 型电冰箱的内部结构图

（1）压缩机组件

压缩机组件主要是由压缩机、起动继电器等组成的，如图6-6所示。压缩机是制冷循环系统的动力源，主要用来驱使管路系统中的制冷剂往返循环，从而通过热交换达到制冷目的。

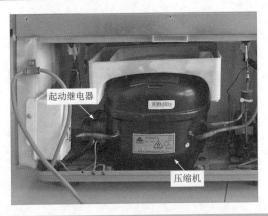

图 6-6　压缩机组件的实物外形

（2）节流及闸阀组件

节流及闸阀组件主要是由干燥过滤器、毛细管、单向阀、电磁阀等组成的，如图6-7所示。电冰箱的节流组件主要包括干燥过滤器和毛细管，在电冰箱的管路系统中，节流组件能使电冰箱更加节能高效地工作；电冰箱的闸阀组件主要包括单向阀、电磁阀等，闸阀组件在管路中起到控制管路导通和截止的作用。

图 6-7　节流及闸阀组件的实物外形

（3）热交换组件

电冰箱的热交换组件主要是由蒸发器、冷凝器等组成的，如图 6-8 所示。冷凝器通常位于电冰箱的背部，后盖的箱体内，主要用来将压缩机处理后的高温高压制冷剂蒸气进行过热交换，通过散热，将冷凝器内高温高压的气态制冷剂转化为低温高压的液态制冷剂，从而实现热交换；蒸发器主要依靠空气循环的方式，利用制冷剂降低空气温度，实现制冷的目的。

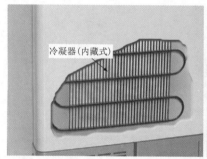

图 6-8　热交换组件的实物外形

（4）电路部分

目前，大多数新型电冰箱的电路部分主要包括电源电路、控制电路、操作显示电路等部分。电源电路和控制电路位于一个电路板上，电源电路主要用来为各电路及部件进行供电，控制电路主要用来识别人工指令信号并输出控制信号。操作显示电路位于电冰箱的冷藏室门上，是人机交互的窗口。

相关资料

变频电冰箱的整机结构与普通电冰箱的结构基本相同，从外形上几乎看不出区别，只是在压缩机及控制电路方面有明显的不同。变频电冰箱采用的是变频压缩机和变频驱动电路，图 6-9 所示为变频电冰箱的整机结构。

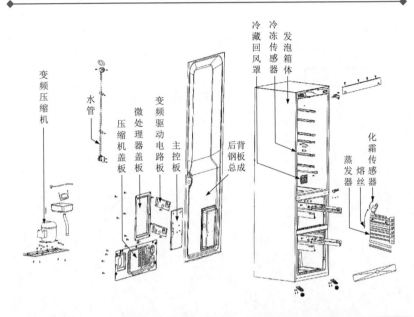

图 6-9　变频电冰箱的整机结构

3. 电冰箱的电路结构

扫一扫看视频

　　电冰箱的电路部分主要是由电源电路、控制电路、操作显示电路等组成的，图 6-10 所示为典型电冰箱的整机电路结构，其整机电路框图如图 6-11 所示。

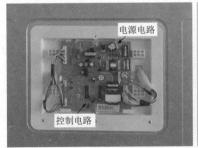

图 6-10　典型电冰箱的整机电路结构

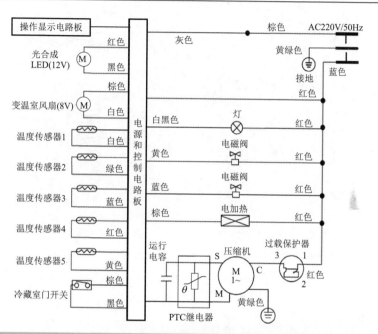

图 6-11　典型电冰箱的整机电路框图

（1）电源电路

电源电路主要用来将 220V 交流电压变为直流电压，为各电路元件和功能部件进行供电，图 6-12 所示为电源电路的实物外形。由图可知，电源电路主要是由熔断器、互感滤波器、桥式整流电路、变压器、开关振荡集成电路、次级整流二极管、三端稳压器、光电耦合器等组成的。

（2）控制电路

电冰箱的控制电路主要用来对操作显示电路送来的人工指令信号进行识别，转换为控制信号后，控制各电路或各部件进行工作，图 6-13 所示为控制电路的实物外形。由图中可知，控制电路主要是由微处理器、晶振以及反相器等组成的。

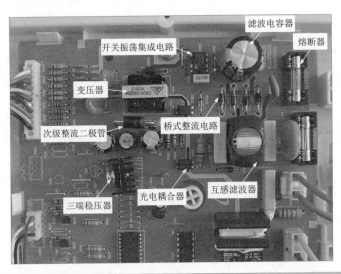

图 6-12　电源电路的实物外形

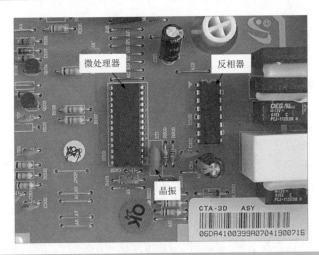

图 6-13　控制电路的实物外形

　　此外，电冰箱内设有温度传感器、照明灯、门开关、风扇等部件，如图6-14所示。其中温度传感器主要用来检测电冰箱内的温度；照明灯用来为电冰箱储物室提供照明；门开关用来控制照明灯的亮灭；风扇主要用来增加储物室内气流的流动，实现强制制冷。

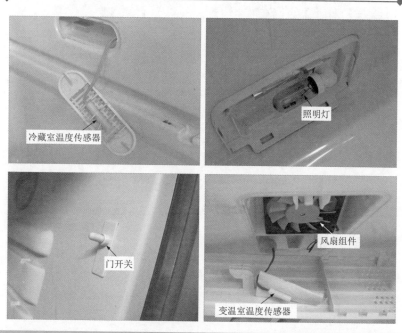

冷藏室温度传感器

照明灯

门开关

风扇组件

变温室温度传感器

图6-14　电冰箱内的其他部件

（3）操作显示电路

　　操作显示电路设置在电冰箱的前面板上，主要用来输入人工指令信号，并接收控制电路送来的显示信号，来显示电冰箱的工作状态，图6-15所示为操作显示电路的实物外形。

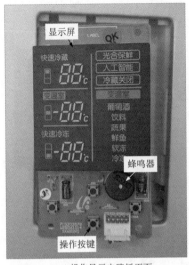

显示屏

快速冷藏

光合保鲜
人工智能
冷藏关闭

变温室

葡萄酒
饮料
蔬果
鲜鱼
软冻

快速冷冻

蜂鸣器

操作按键

a) 操作显示电路板正面

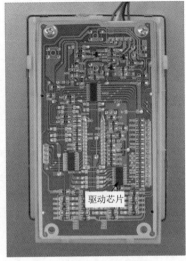

驱动芯片

b) 操作显示电路板反面

图 6-15　操作显示电路的实物外形

相关资料

　　此外，随着变频技术的不断进步，有些电冰箱中也采用了变频技术，称其为变频电冰箱，该类电冰箱内部设有单独的变频模块。如图 6-16 所示，变频模块主要是由电源供电电路、集成电路芯片以及功率晶体管等组成的。

6.1.2　电冰箱的工作原理

　　电冰箱主要是利用制冷剂的循环和状态变化过程进行能量的转换，从而达到制冷目的。在此过程中，电路系统主要用来控制压缩机工作（提供工作电压和控制信号），再由压缩机控制制冷管路工作，使制冷管路中的制冷剂进行转换和循环，从而达到冷藏室和冷冻室的低温要求，图 6-17 所示为典型电冰箱的整机工作流程图。

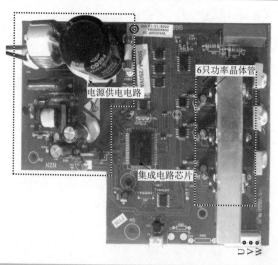

图 6-16　变频模块的实物外形

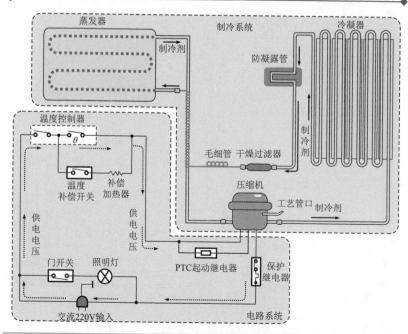

图 6-17　典型电冰箱的整机工作流程图

　　图 6-18 所示为典型电冰箱的制冷系统流程图，电冰箱的电路系统带动压缩机工作后，压缩机将内部制冷剂压缩成为高温高压的过热蒸气，然后从压缩机的排气管排出，经排气管道进入冷凝器。冷凝器的功能是将制冷剂的热量散发给周围的空气，使得制冷剂由高温高压的过热蒸气冷凝为低温高压的液体，然后经干燥过滤器后进入毛细管。由于毛细管的通道细长，制冷剂进入毛细管被节流降压后变为低温低压的制冷剂液体，再进入蒸发器。在蒸发器中，低温低压的制冷剂液体吸收外界大量热量而汽化为饱和蒸气，这就达到了吸热制冷的目的。最后，低温低压的制冷剂蒸气经压缩机吸气管后进入压缩机，再经压缩机压缩后成为高温高压的过热蒸气，开始下一次循环。

扫一扫看视频

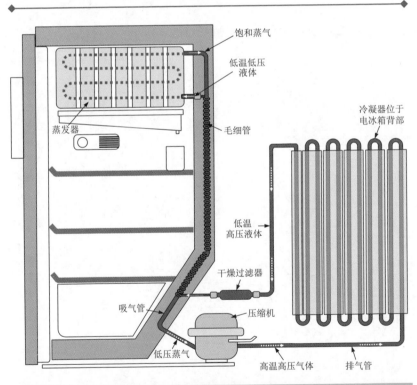

图 6-18　典型电冰箱的制冷系统流程图

🔘 **要点说明**

目前，大多数电冰箱采用双温双控的方式进行制冷循环的控制。双温双控是指在电冰箱中配置两个蒸发器和两个温度传感器对冷藏室、冷冻室内的温度进行检测和控制。因此，电冰箱的冷冻室和冷藏室的制冷循环可同时进行，当冷藏室的温度达到设定温度时，冷藏室制冷循环停止，冷冻室的制冷工作继续进行。该控制方式可减少能耗，达到电冰箱不同室内的温度需求。

图 6-19 所示为典型双温双控电冰箱管路系统的工作原理图，电冰箱刚开始运行时，压缩机开始工作。制冷剂在压缩机中被压缩，将原本低温低压的制冷剂气体压缩成高温高压的过热蒸气，然后从压缩机排气管排出，进入冷凝器管道。冷凝器将制冷剂热量散发到周围的空气中，实现液化降温，将高温高压的过热蒸气冷凝为低温高压的制冷剂液体。再经防凝露管、干燥过滤器后，在三通电磁阀的控制下，将制冷剂分为两路输送到冷藏室毛细管和冷冻室毛细管中。再经毛细管节流降压后形成低温低压的液体，进入到冷藏室蒸发器和冷冻室蒸发器中。进入蒸发器后，制冷剂吸收电冰箱内部的热量而汽化，从而达到制冷的目的。经汽化后的制冷剂经连接管路（冷藏室蒸发器中的制冷剂还会通过冷冻室蒸发器）返回到压缩机内，再次进行压缩，如此周而复始，完成制冷循环。

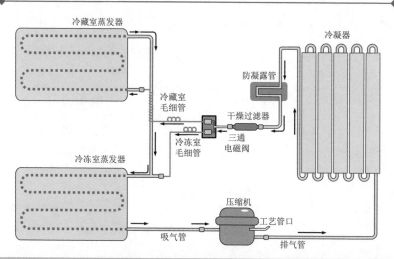

图 6-19　典型双温双控电冰箱管路系统的工作原理

　　当电冰箱进入稳定状态时，冷藏室温度达到设定的温度后，电磁阀动作阻断冷藏室蒸发器的管路，仅让冷冻室蒸发器工作，达到节能、高效的目的。然而，当重新设定冷藏室温度后，电冰箱的冷藏室制冷循环工作又开始，即电磁阀接冷藏室毛细管的一端接通，制冷剂通过毛细管流向冷藏室蒸发器。制冷剂经过冷藏室蒸发器吸热后，再通过冷冻室蒸发器被吸入到压缩机中，开始新一轮的循环，如图6-20所示。

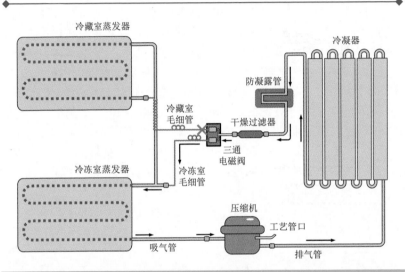

图6-20　双温双控电冰箱制冷稳定状态循环过程

相关资料

　　在三室电冰箱中，通常采用三条毛细管、三个蒸发器的制冷管路连接方式，来控制冷藏室、冷冻室和变温室的温度，如图6-21所示。当电冰箱初始通电时，其箱体内的温度较高，电冰箱起动运行，两个电磁阀同时起动，使其三室制冷循环同时进行。当三室电冰箱起动后，根据控制系统的设定，其冷冻室的温度首先下降，其次是变温室温度，最后为冷藏室温度。当三室温度均达到预定的温度后，压缩机停止工作，电冰箱开始进入到稳定的工作状态。

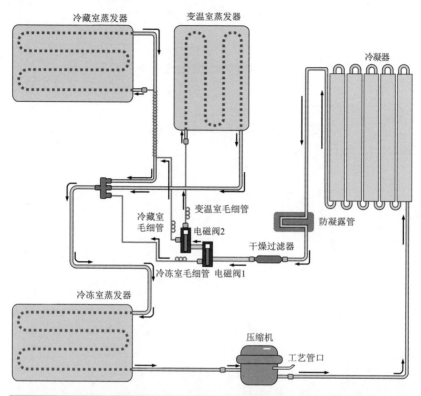

图 6-21　三室电冰箱制冷系统的工作过程

图 6-22 所示为典型电冰箱电路系统的工作流程。电冰箱是通过起动继电器和起动压缩机进行工作的，工作后，由温度控制器和保护继电器对压缩机的工作状态进行控制。

电冰箱接通电源后，温度控制器和保护继电器处于接通状态，交流 220V 电压通过压缩机运行绕组 CM 及保护继电器形成回路，产生 6~10A 的大电流。该大电流使起动继电器衔铁吸合（吸合电流为 2.5A），即起动继电器常开触点接通，使压缩机起动绕组 CS 产生电流，形成磁场，从而驱动转子旋转。压缩机转速提高后，在反电动势作用下，电路中电流下降，当下降到不足以吸合衔铁（释放电流为 1.9A）时，起动继电器常开触点断开，起动绕组停止工作，电流降到额定电流（1A 左右），压缩机进入正常运转状态，电冰箱开始制冷。

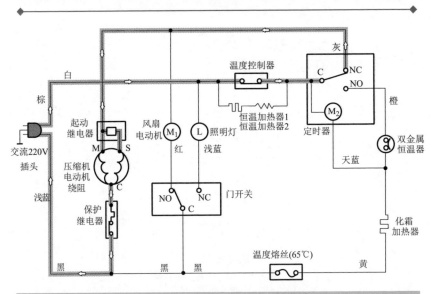

图 6-22　典型电冰箱电路系统的工作流程

　　保护继电器触点正常时处于常闭状态，但当压缩机电动机过电流或压缩机壳体温度过高时，便自动断开起到保护作用。由于保护继电器与压缩机串联，当压缩机过载时电流增大，因此，流过保护继电器内的电阻丝的电流也增大而发热，使双金属片受热迅速变形，从而使触点断开，切断压缩机供电，电动机停止转动。

　　温度控制器的感温头固定在电冰箱蒸发器的表面，当感温头感知温度达到设置要求时，温度控制器自动断开，切断压缩机供电，从而停止制冷。当电冰箱内的温度升高，温度控制器感知的温度高于设定值时，温度控制器自动转入接通状态，电路再次对压缩机供电，使压缩机再次起动运行。

　　当冷藏室门关闭时，位于冷藏室门处的门开关受挤压而断开，切断照明灯供电，冷藏室的照明灯熄灭；当打开冷藏室门时，门开关弹出，照明灯电路处于接通状态，照明灯随即点亮。

相关资料

　　普通电冰箱电路系统的工作原理比较简单，其主要元件覆盖整个电冰箱箱体，但在实际连线过程中较为复杂，如图 6-23 所示。

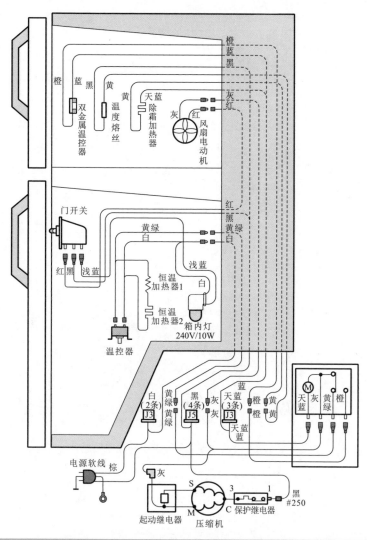

图6-23　普通电冰箱电路系统线路连接和分布图

图6-24为采用微处理器控制的电冰箱电路系统。

微处理器（MPU）是一个具有很多引脚的大规模集成电路，其主要特点是可以接收人工指令和传感信息，遵循预先编制的程序自动进行工作。微处理器具有分析和判断能力，由于它犹如人的大脑，因而又被称为微电脑。

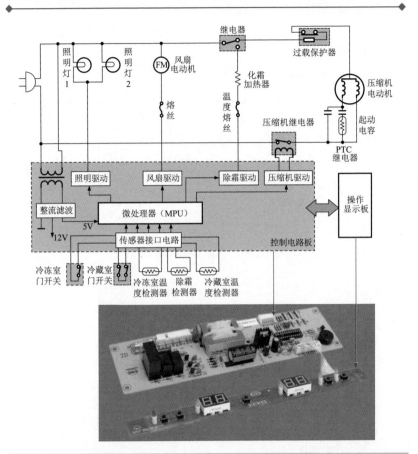

图 6-24　采用微处理器控制的电冰箱电路系统

　　冷藏室和冷冻室的温度检测信息随时送给微处理器，人工操作指令利用操作显示电路也送给微处理器，微处理器收到这些信息后，便可对继电器、风扇电动机、除霜加热器、照明灯等进行自动控制。

　　电冰箱室内设置的温度检测器（温度传感器）将温度的变化变成电信号送到微处理器的传感信号输入端，当电冰箱内的温度达到预定的温度时电路便会自动进行控制。

　　微处理器对继电器、电动机、照明灯等元件的控制需要有接口电路或转换电路。接口电路将微处理器输出的控制信号转换成控制各种元件的电压或电流。

操作电路是人工指令的输入电路，通过这个电路，用户可以对电冰箱的工作状态进行设置。例如，温度、化霜方式等都可由用户进行设置。

相关资料

图 6-25 为典型变频电冰箱的电路系统。变频电冰箱应用变频技术，由变频电路对变频压缩机进行控制，从而实现变频制冷的功能。

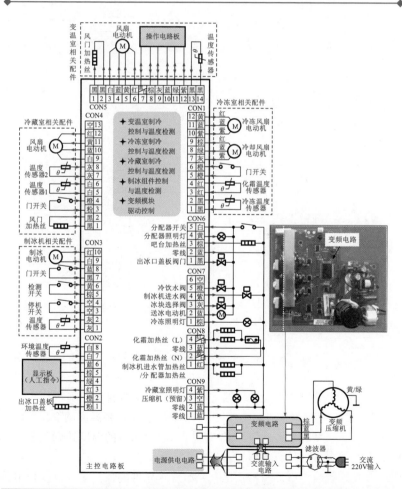

图 6-25　典型变频电冰箱的电路系统

　　变频电冰箱的主要特点就是压缩机为变频压缩机，其电路系统的结构及工作流程与智能电冰箱的控制电路板基本相同，另外，为了实现对变频压缩机的控制，增加了一个变频电路（变频模块）。

　　交流220V经过滤波器送入电冰箱的交流输入电路中，由交流输入电路分别为变频电路和电源供电电路供电，维持电冰箱的工作状态。

　　工作时，用户通过电路板为主控电路输入人工指令，主控电路中的微处理器接收到指令后，除了对变温室、冷藏室的风扇电动机、风门加热丝等发出工作指令外，还将工作指令输入到变频模块中，对变频驱动电路发出控制信号并驱动变频压缩机工作。

要点说明

　　电冰箱的变频电路是将电源电路整流滤波后得到的约300V的直流电压送给6个IGBT，由这6个IGBT控制流过三相电动机绕组的电流方向和顺序，形成旋转磁场，驱动转子旋转，其电路如图6-26所示。

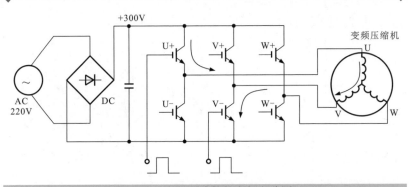

图 6-26　变频电冰箱的变频电路图

相关资料

　　在变频电冰箱中，不同颜色的连接线与配件之间的关系也存在不同，图6-27所示为海尔BCD-316WS型变频电冰箱的连接图，通过连接图，便可以轻松地理解电冰箱中各个电路与部件之间的连接关系，以及连接线的颜色等信息。

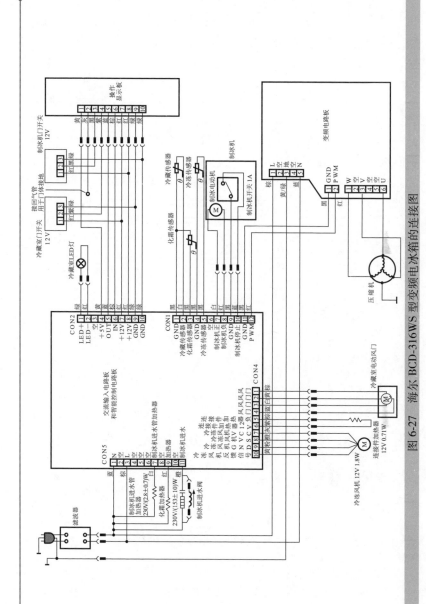

图6-27　海尔BCD-316WS型变频电冰箱的连接图

6.2 电冰柜的结构原理

6.2.1 电冰柜的结构特点

电冰柜是一种用于低温保存食品的专业储藏设备，与电冰箱相比，具有功率高、制冷量大、内部容积大等特点，适合超市、便利店等商业场所及部分家庭使用。

电冰柜的外形与电冰箱有较大差异，但两者在结构上基本类似。为满足不同使用者的需求，电冰柜的种类、形式和功能也不同，因此其外形结构上也有较大差别。图 6-28 为立式电冰柜和卧式电冰柜的实物外形。

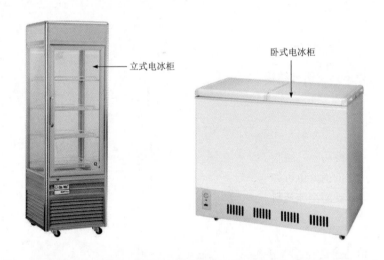

立式电冰柜

卧式电冰柜

图 6-28　立式电冰柜和卧式电冰柜

图 6-29 为典型卧式电冰柜的外部结构。在电冰柜的外部主要是由柜体、玻璃门（柜门）、机仓隔栅、温度控制器旋钮、指示灯和脚轮等部分组成的。卧式电冰柜占地面积大，柜体高度较低，为便于取放食物等，其柜门通常位于上部。

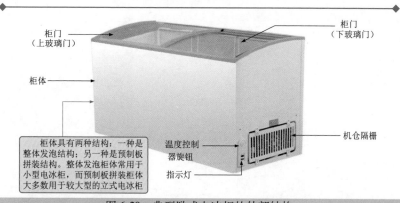

柜门
（上玻璃门）

柜门
（下玻璃门）

柜体

柜体具有两种结构：一种是
整体发泡结构；另一种是预制板
拼装结构。整体发泡柜体常用于
小型电冰柜，而预制板拼装柜体
大多数用于较大型的立式电冰柜

温度控制
器旋钮

指示灯

机仓隔栅

图 6-29　典型卧式电冰柜的外部结构

图 6-30 为典型卧式电冰柜的结构组成。从图中可以看出，电冰柜主要是由压缩机、起动继电器、保护继电器、蒸发器、冷凝器、毛细管、干燥过滤器、温度控制器、风扇组件等构成的。这些器件通过铜管连接在一起，然后在管路中充注适量的制冷剂，形成一个封闭的循环系统。

 1. 柜体

柜体具有两种结构：一种是整体发泡结构；另一种是预制板拼装结构。整体发泡柜体常用于小型电冰柜，而预制板拼装柜体大多数用于较大型的立式电冰柜。

电冰柜的外壳和内壁一般采用 0.6~1mm 的冷轧钢板，经处理加工后成形，其表面再经过脱脂、磷化喷塑处理就形成电冰柜的外壳和门壳。小型立式电冰柜的内壁也可如电冰箱一样采用 ABS 塑料板。电冰柜的隔热材料采用硬质聚氨酯泡沫塑料，它具有强度高、质量轻、导热系数小等特点。

 2. 柜门

电冰柜的柜门几乎都是使用隔热材料制成的隔热门，由于门的开启对柜内温度影响较大，通常根据电冰柜的用途来决定门的数目和大小。卧式电冰柜的柜门设计在电冰柜上方，通常采用开启式和滑动式两种。开启式柜门的制作材料与柜体基本相同，滑动式柜门一般采用镀膜钢化玻璃（卧式电冰柜）或中空玻璃（立式电冰柜）制成。

电冰柜的门封可以使用磁性胶条，也可以是普通胶条与锁紧机构共同使用。图 6-31 所示为磁性门缝的结构。

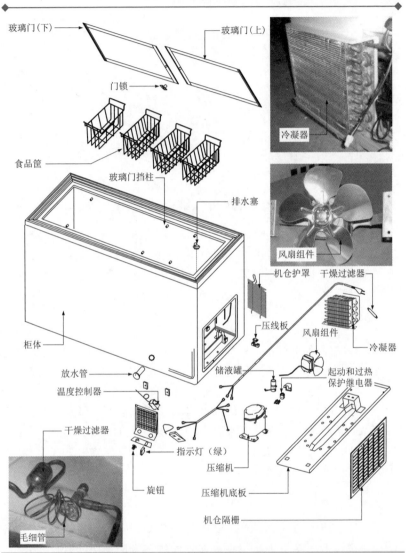

图 6-30　典型卧式电冰柜的结构组成

 3. 制冷系统

电冰柜的制冷系统主要是由压缩机、冷凝器、干燥过滤器、毛细管、蒸发器等组成，并通过铜管将它们连接在一起，然后在管路中充注

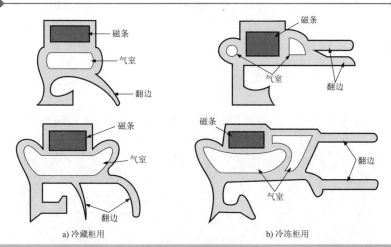

a) 冷藏柜用　　　　　　　　　　　b) 冷冻柜用

图 6-31　磁性门缝的结构

适量的制冷剂，形成一个封闭的循环系统。电冰柜的制冷系统与电冰箱的制冷系统所使用的器件基本相同。图 6-32 为电冰柜的制冷系统结构。

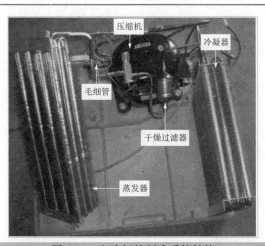

图 6-32　电冰柜的制冷系统结构

6.2.2　电冰柜的工作原理

电冰柜的热交换过程与电冰箱类似。在冷气循环方面，风冷式电冰柜内通常有两个风扇，即蒸发器风扇和冷凝器风扇。

　　如图 6-33 所示，蒸发器风扇靠近电冰柜内的蒸发器，该风扇旋转后带动电冰柜内气体流动，加速冷气循环，使柜内温度迅速降低；而冷凝器风扇安装于电冰柜的进气口处，用来带动柜外空气流经冷凝器和压缩机等部件，带走大量的热量，保证制冷循环的正常工作。图 6-34 所示为立式电冰柜的内部空气循环示意图。

图 6-33　蒸发器风扇和冷凝器风扇

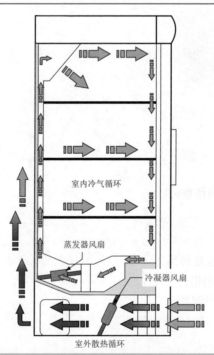

图 6-34　立式电冰柜的内部空气循环示意图

6.3 空调器的结构原理

6.3.1 空调器的结构特点

空调器是一种通过压缩机驱动制冷剂循环，从而与外界空气实现热交换，最终达到对环境温度、湿度及空气流速等进行调节的机电一体化设备。

图6-35为典型的分体壁挂式空调器。可以看到，空调器从结构上可以分为室内机和室外机两部分。

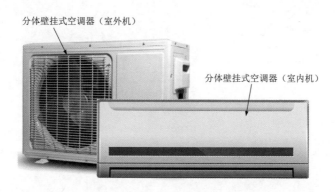

分体壁挂式空调器（室外机）

分体壁挂式空调器（室内机）

图 6-35　典型的分体壁挂式空调器

 1. 空调器室内机结构

图6-36为典型壁挂式变频空调器室内机的结构组成。可以看到，空调器室内机主要有蒸发器、导风板组件、贯流风扇组件、主电路板、遥控接收电路板、温度传感器等部分。

（1）贯流风扇组件

壁挂式变频空调器的室内机基本都采用贯流风扇组件加速房间内的空气循环，提高制冷/制热效率，图6-37所示为典型变频空调器的贯流风扇组件。

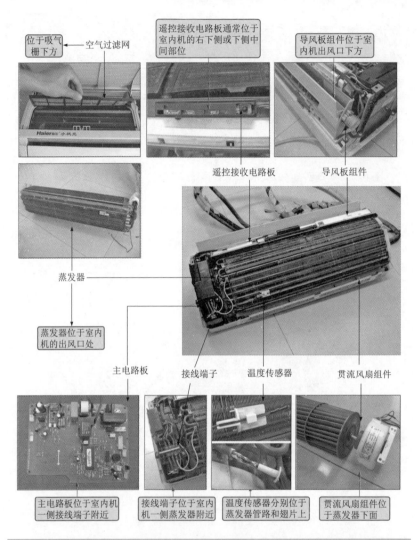

图 6-36　典型壁挂式变频空调器室内机的内部结构

（2）导风板组件

导风板组件可以改变变频空调器吹出的风向，扩大送风面积，使房间内的空气温度可以整体降低或升高，图 6-38 所示为典型变频空调器的导风板组件。

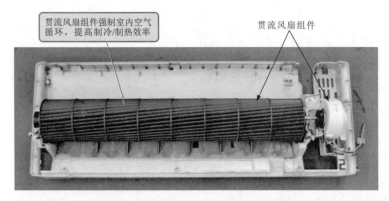

贯流风扇组件强制室内空气循环，提高制冷/制热效率

贯流风扇组件

图 6-37　典型变频空调器的贯流风扇组件

导风板组件可改变空调器室内机吹出风的范围

导风板组件

图 6-38　典型变频空调器的导风板组件

（3）蒸发器

蒸发器是变频空调器室内机中重要的热交换部件，制冷剂流经蒸发器时，吸收房间内空气的热量，使房间内温度迅速降低，图 6-39 所示为典型变频空调器的蒸发器。

（4）温度传感器

变频空调器室内机通常安装有 2 个温度传感器：一个对室内温度进行检测；另一个对室内机管路温度进行检测。图 6-40 所示为变频空调器室内机的温度传感器。

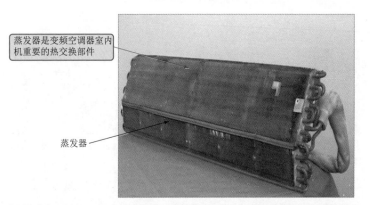

蒸发器是变频空调器室内机重要的热交换部件

蒸发器

图 6-39　典型变频空调器的蒸发器

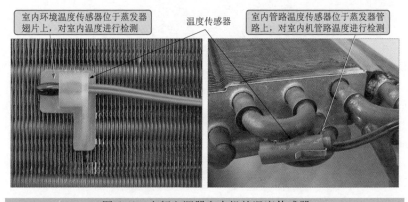

室内环境温度传感器位于蒸发器翅片上，对室内温度进行检测

温度传感器

室内管路温度传感器位于蒸发器管路上，对室内机管路温度进行检测

图 6-40　变频空调器室内机的温度传感器

 2. 空调器室外机结构

图 6-41 为典型变频空调器室外机的结构组成。空调器室外机主要有冷凝器、轴流风扇组件、变频压缩机、电磁四通阀、毛细管、干燥过滤器、单向阀、温度传感器、主电路板和变频电路板等部分。

（1）轴流风扇组件

变频空调器的室外机基本都采用轴流风扇组件加速室外机的空气流通，提高冷凝器的散热或吸热效率，图 6-42 所示为典型变频空调器的轴流风扇组件。

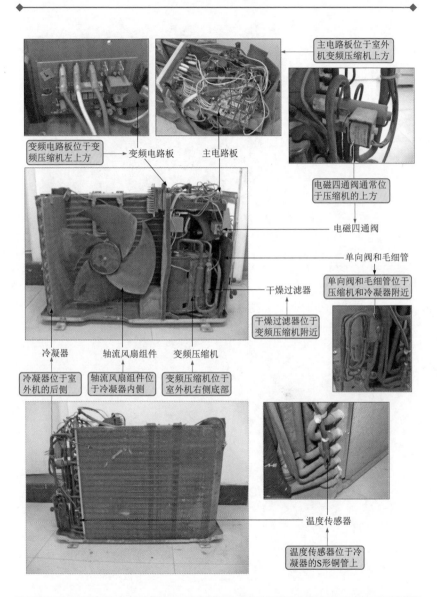

图 6-41　典型变频空调器室外机的内部结构

轴流风扇组件位于冷凝器前方，扇叶安装在轴流风扇驱动电动机前部

轴流风扇组件

图 6-42　典型变频空调器的轴流风扇组件

（2）变频压缩机

变频压缩机是变频空调器中最为重要的部件，它是变频空调器制冷剂循环的动力源，使制冷剂在变频空调器的制冷管路中形成循环，图 6-43 所示为典型变频空调器的变频压缩机。

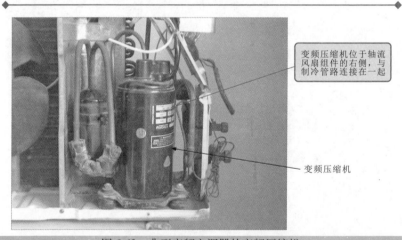

变频压缩机位于轴流风扇组件的右侧，与制冷管路连接在一起

变频压缩机

图 6-43　典型变频空调器的变频压缩机

（3）冷凝器

冷凝器是变频空调器室外机中重要的热交换部件，制冷剂流经冷凝器时，向外界空气散热或从外界空气吸收热量，与室内机蒸发器的热交换形式始终相反，这样便实现了变频空调器的制冷/制热功能。图 6-44

所示为典型变频空调器的冷凝器。

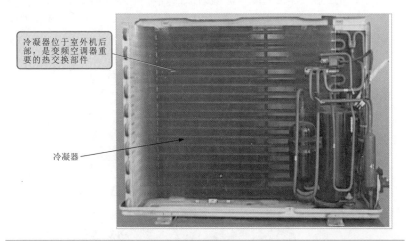

冷凝器位于室外机后部，是变频空调器重要的热交换部件

冷凝器

图 6-44　典型变频空调器的冷凝器

（4）干燥过滤器、单向阀和毛细管

干燥过滤器、单向阀和毛细管是室外机中的节流、闸阀组件。其中，干燥过滤器可对制冷剂进行过滤；单向阀可防止制冷剂回流；而毛细管可对制冷剂起到节流降压的作用。图 6-45 所示为典型变频空调器的干燥过滤器、单向阀和毛细管。

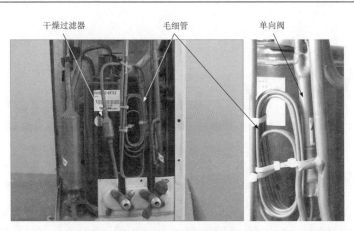

干燥过滤器　　　　毛细管　　　　单向阀

图 6-45　典型变频空调器的干燥过滤器、单向阀和毛细管

（5）电磁四通阀

电磁四通阀是控制制冷剂流向的部件，变频空调器的制冷管路中安装有电磁四通阀，才可实现制冷/制热模式的切换。图6-46所示为变频空调器室外机的电磁四通阀。

电磁四通阀可控制制冷剂流向，空调器通过该部件实现制冷/制热模式的切换

电磁四通阀

图6-46　变频空调器室外机的电磁四通阀

（6）温度传感器

变频空调器室外机通常安装有3个温度传感器，一个对室外温度进行检测，另一个对室外机管路温度进行检测，最后一个则对压缩机排气口温度进行检测。图6-47所示为变频空调器室外机的温度传感器。

室外环境温度传感器　　　　室外机管路温度传感器　　　　压缩机排气口温度传感器

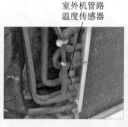

图6-47　变频空调器室外机的温度传感器

要点说明

在室外机中温度传感器的个数和位置不是固定的，一般功能越全面、性能越好的变频空调器中，温度传感器的个数越多。

6.3.2　空调器的工作原理

 1. 空调器制冷原理

扫一扫看视频

图 6-48 所示为空调器的制冷原理。当变频空调器进行制冷工作时，电磁四通阀处于断电状态，内部滑块使管口 A、B 导通，管口 C、D 导通。同时，在变频空调器电路系统的控制下，室内机与室外机中的风扇电动机、变频压缩机等电气部件也开始工作。

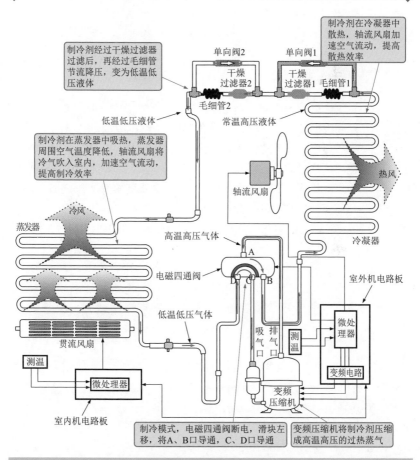

图 6-48　制冷循环的工作原理

101

制冷剂在变频压缩机中被压缩，原本低温低压的制冷剂气体压缩成高温高压的过热蒸气，然后经压缩机排气口排出，由电磁四通阀的A口进入，经电磁四通阀的B口进入冷凝器中。高温高压的过热蒸气在冷凝器中散热冷却，轴流风扇带动空气流动，提高冷凝器的散热效率。

经冷凝器冷却后的常温高压制冷剂液体经单向阀1、干燥过滤器2进入毛细管2中，制冷剂在毛细管中节流降压后，变为低温低压的制冷剂液体，经二通截止阀送入到室内机中。制冷剂在室内机蒸发器中吸热汽化，蒸发器周围空气的温度下降，贯流风扇将冷风吹入到室内，加速室内空气循环，提高制冷效率。

汽化后的制冷剂气体再经三通截止阀送回室外机，经电磁四通阀的D口、C口和压缩机吸气口回到变频压缩机中，进行下一次制冷循环。

2. 空调器制热原理

空调器的制热原理正好与制冷原理相反，如图6-49所示。在制冷循环中，室内机的蒸发器起吸热作用，室外机的冷凝器起散热作用，因此，变频空调器制冷时，室外机吹出的是热风，室内机吹出的是冷风；而在制热循环中，室内机的蒸发器起到的是散热作用，而室外机的冷凝器起到的是吸热作用。因此，

扫一扫看视频

变频空调器制热时室内机吹出的是热风，而室外机吹出的是冷风。

当变频空调器进行制热工作时，电磁四通阀通电，滑块移动使管口A、D导通，管口C、B导通。

制冷剂在变频压缩机中压缩成高温高压的过热蒸气，由压缩机的排气口排出，再由电磁四通阀的A口、D口送入到室内机的蒸发器中。高温高压的过热蒸气在蒸发器中散热，蒸发器周围空气的温度升高，贯流风扇将热风吹入到室内，加速室内空气循环，提高制热效率。

制冷剂散热后变为常温高压的液体，再由液体管从室内机送回到室外机中。制冷剂经单向阀2、干燥过滤器1进入毛细管1中，制冷剂在毛细管中节流降压为低温低压的制冷剂液体后，进入到冷凝器中。制冷剂在冷凝器中吸热汽化，重新变为饱和蒸气，并由轴流风扇将冷气吹出室外。最后，制冷剂气体再由电磁四通阀的B口进入，由C口返回压缩机中，如此往复循环，实现制热功能。

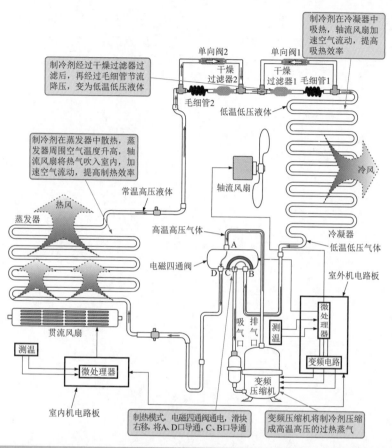

制冷剂在冷凝器中吸热，轴流风扇加速空气流动，提高吸热效率

单向阀2　　单向阀1

制冷剂经过干燥过滤器过滤后，再经过毛细管节流降压，变为低温低压液体

干燥过滤器2　　干燥过滤器1　毛细管1

毛细管2

低温低压液体

制冷剂在蒸发器中散热，蒸发器周围空气温度升高，轴流风扇将热气吹入室内，加速空气流动，提高制热效率

冷风

常温高压液体

轴流风扇

热风

蒸发器

高温高压气体

冷凝器

低温低压气体

电磁四通阀

A

D C B

室外机电路板

贯流风扇

吸气口　排气口

测温

微处理器

测温

变频电路

微处理器

室内机电路板

制热模式，电磁四通阀通电，滑块右移，将A、D口导通，C、B口导通

变频压缩机

变频压缩机将制冷剂压缩成高温高压的过热蒸气

图 6-49　制热循环的工作原理

3. 空调器电控原理

空调器是由系统控制电路与管路系统协同工作实现制冷、制热目的的。变频空调器整机的工作过程就是由电路部分控制变频压缩机工作，再由变频压缩机带动整机管路系统工作，从而实现制冷或制热的过程。

扫一扫看视频

图 6-50 为典型变频空调器的整机控制过程。空调器管路系统中的变频压缩机风扇电动机和四通阀都受电路系统的控制，使室内温度保持恒定不变。

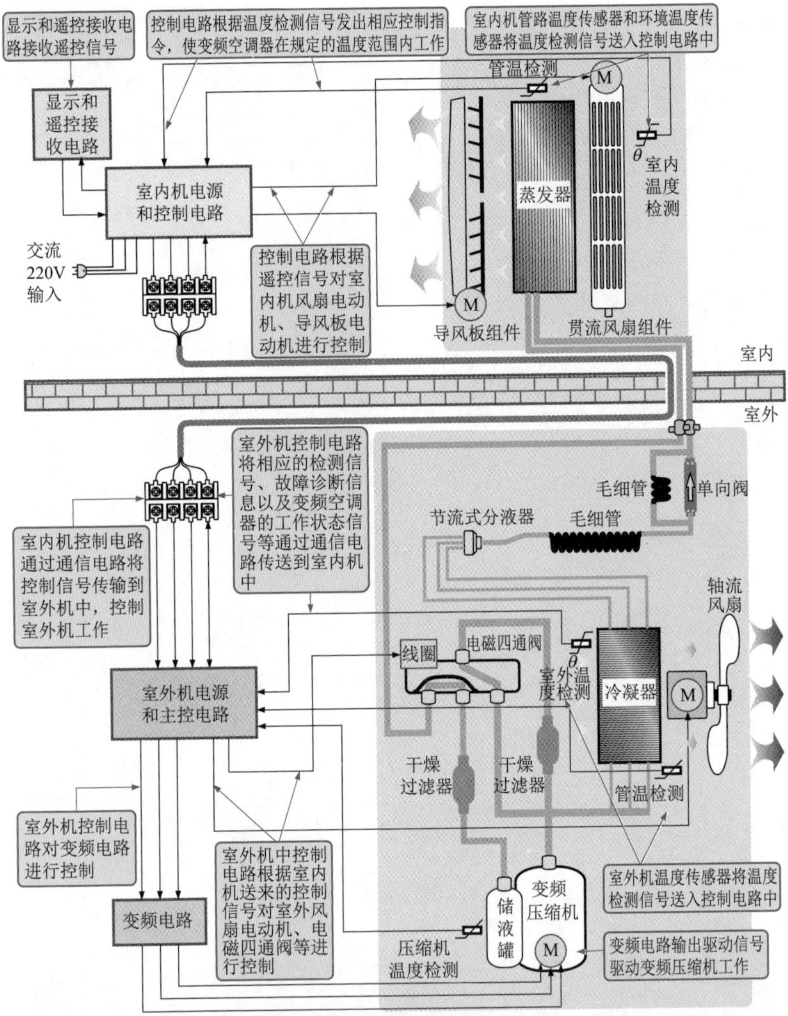

显示和遥控接收电路接收遥控信号

控制电路根据温度检测信号发出相应控制指令，使变频空调器在规定的温度范围内工作

室内机管路温度传感器和环境温度传感器将温度检测信号送入控制电路中

管温检测

显示和遥控接收电路

室内机电源和控制电路

交流220V输入

蒸发器

室内温度检测

控制电路根据遥控信号对室内风扇电动机、导风板电动机进行控制

导风板组件

贯流风扇组件

室内
室外

室外机控制电路将相应的检测信号、故障诊断信息以及变频空调器的工作状态信号等通过通信电路传送到室内机中

毛细管　单向阀

室内机控制电路通过通信电路将控制信号传输到室外机中，控制室外机工作

节流式分液器
毛细管

轴流风扇

室外机电源和主控电路

线圈　电磁四通阀

室外温度检测

冷凝器

干燥过滤器　干燥过滤器

管温检测

室外机控制电路对变频电路进行控制

室外机中控制电路根据室内机送来的控制信号对室外风扇电动机、电磁四通阀等进行控制

储液罐

变频压缩机

室外机温度传感器将温度检测信号送入控制电路中

变频电路

压缩机温度检测

变频电路输出驱动信号驱动变频压缩机工作

图 6-50　典型变频空调器的整机控制过程

要点说明

在室内机中，由遥控信号接收电路接收遥控信号，控制电路根据遥控信号对室内机风扇电动机、导风板电动机进行控制，并通过通信电路将控制信号传输到室外机中，控制室外机工作。

　　同时室内机控制电路接收室内环境温度传感器和室内机管路温度传感器送来的温度检测信号，并随时向室外机发出相应的控制指令，室外机根据室内机的指令对变频压缩机进行变频控制。

　　在室外机中，控制电路根据室内机通信电路送来的控制信号对室外机风扇电动机、电磁四通阀等进行控制，并控制变频电路输出驱动信号驱动变频压缩机工作。

　　同时室外机控制电路接收室外机温度传感器送来的温度检测信号，并将相应的检测信号、故障诊断信息以及变频空调器的工作状态信息等通过通信电路传送到室内机中。

---第7章---

制冷设备的检修特点

7.1.1 电冰箱的故障特点

电冰箱作为一种制冷产品，最基本的功能是实现制冷，因此出现故障后，最常见的故障也主要表现在制冷效果上，如完全不制冷、制冷效果差等。另外，由于电冰箱某些功能电路失常引起的制冷正常但部分功能失常的故障也比较常见，如结霜或结冰严重、出现"嗡嗡""咔咔"异常循环声音、照明灯不亮等。

1. 电冰箱完全不制冷的故障特点

电冰箱完全不制冷主要表现为电冰箱开机一段时间后，蒸发器没有挂霜迹象，箱内温度不下降，如图7-1所示。电冰箱不制冷是最为常见的故障之一。电冰箱出现该故障的原因有很多，也较复杂，多为压缩机不运转、制冷管路堵塞、制冷剂泄漏、电磁阀损坏、继电器损坏及控制电路板、信号传输电路板、变频电路板出现故障等引起的。

2. 电冰箱制冷效果差的故障特点

电冰箱的制冷效果差包括制冷量少，是指电冰箱能实现基本的运转制冷，但在规定的工作条件下，其箱室内的温度降不到设定温度，冷冻室蒸发器结霜不满，有时会伴随着出现压缩机回气管滴水、结霜或冷凝器入、出口温度变化异常等现象，如图7-2所示。

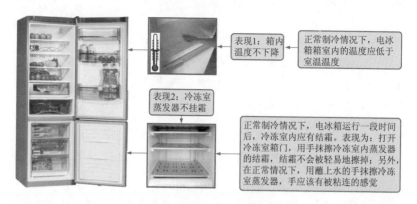

表现1：箱内温度不下降

正常制冷情况下，电冰箱箱室内的温度应低于室温温度

表现2：冷冻室蒸发器不挂霜

正常制冷情况下，电冰箱运行一段时间后，冷冻室内应有结霜。表现为：打开冷冻室箱门，用手抹擦冷冻室内蒸发器的结霜，结霜不会被轻易地擦掉；另外，在正常情况下，用蘸上水的手抹擦冷冻室蒸发器，手应该有被粘连的感觉

图 7-1　电冰箱完全不制冷的故障特点

表现1：电冰箱箱室内温度降不到设定温度

冷凝器入、出口处温度没有明显变化或冷凝器根本就不散发热量，说明电冰箱制冷管路中的制冷剂有泄漏或压缩机不工作

表现3：冷凝器入、出口处温度没有明显的变化或冷凝器根本就不散发热量

表现2：冷冻室蒸发器结霜不满

表现4：压缩机回气管滴水或结霜

表现5：冷凝器散发热量数分钟后又冷却下来

冷凝器发热，数分钟后又冷却下来，说明干燥过滤器、毛细管有堵塞故障

压缩机吸气管出现结霜或滴水的情况，说明电冰箱制冷管路中充注的制冷剂过量

图 7-2　电冰箱制冷效果差的故障特点

相关资料

制冷效果差还有一种表现为制冷过量，即电冰箱通电起动后，可以制冷，但当达到用户设定的温度时，电冰箱不停机，箱室内的温度越来越低，超出用户设定的温度值。电冰箱出现制冷过量的故障原因多为温度调整不当、温度控制器失灵、箱体绝热层或门封损坏、风门失灵、风扇失灵等。

 3. 电冰箱结霜严重的故障特点

电冰箱结霜或结冰严重是指电冰箱起动工作一段时间后，制冷正常，但在蒸发器上结有厚厚的霜层或冷冻室、冷藏室温度较低，出现结冰现象。图 7-3 为电冰箱结霜严重的故障特点。

电冰箱制冷正常，但工作一段时间后，蒸发器上结有厚厚的霜层，则故障原因多为开门频繁、食物放得过多、门封不严。另外，温度控制器、传感器、电磁阀、化霜控制器、化霜加热器、化霜传感器或主控板损坏也会引起结霜严重的故障。

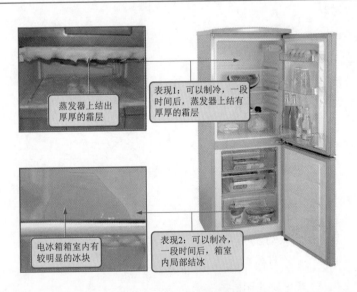

图 7-3　电冰箱结霜严重的故障特点

4. 电冰箱声音异常的故障特点

电冰箱在运行过程中出现声音异常，如"嗡嗡""咔咔"异常循环声音，是指电冰箱通电后，一会发出"嗡嗡"声，一会又发出"咔咔"声，且不断重复"嗡嗡""咔咔"循环的声音，如图7-4所示。

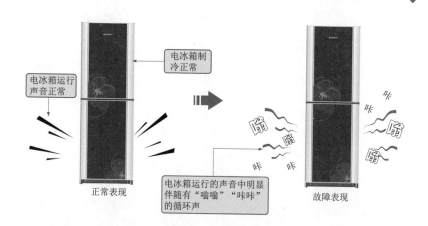

图7-4　电冰箱声音异常的故障特点

引起电冰箱出现"嗡嗡""咔咔"循环声音的故障主要是由压缩机、起动继电器出现故障所导致的。当起动继电器的触点接触不良，不断地接通/断开时，将导致压缩机处于开机/停机的过程，致使压缩机发出上述声音。若压缩机内部出现故障，在压缩机工作的过程中，也会导致其发出"嗡嗡""咔咔"的声音。

5. 电冰箱振动及噪声过大的故障特点

图7-5为电冰箱振动及噪声过大的故障表现。这种故障主要表现为电冰箱起动时产生的振动及噪声过大。

引起电冰箱振动及噪声过大的故障原因多为电冰箱的放置位置不平、管道共振、零件松动、压缩机自身振动等。

6. 电冰箱照明灯不亮的故障特点

图7-6为电冰箱照明灯不亮的典型故障表现，主要为电冰箱起动

后，制冷正常，但打开电冰箱箱门后，照明灯不亮，模拟电冰箱箱门打开与关闭的状态，照明灯均不点亮。

电冰箱运行中振动及噪声过大

图 7-5　电冰箱振动及噪声过大的故障特点

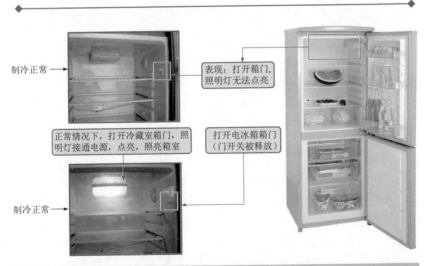

制冷正常

表现：打开箱门，照明灯无法点亮

正常情况下，打开冷藏室箱门，照明灯接通电源，点亮，照亮箱室

打开电冰箱箱门（门开关被释放）

制冷正常

图 7-6　电冰箱照明灯不亮的故障特点

7. 电冰箱显示及控制异常的故障特点

电冰箱的显示及控制异常是指电冰箱起动后，通过显示面板的按键输入人工指令，显示屏显示失常或无显示。图 7-7 为电冰箱显示及控制异常的故障特点。无法向电冰箱输入人工指令或电冰箱显示异常的故障通常都是由操作显示面板上的操作按键失灵、连接线接触不良或损坏、显示屏损坏、集成电路芯片损坏或主控板上的相关控制部件损坏等引起的。

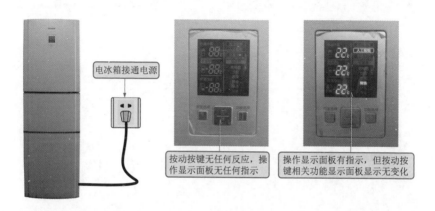

图 7-7　电冰箱显示及控制异常的故障特点

7.1.2　电冰柜的故障特点

电冰柜的故障特点与电冰箱类似，出现的故障多为制冷效果差、不制冷、照明灯不亮、声音异常等。

电冰柜的电气系统主要控制电冰柜的制冷状态，当有元器件损坏时，如熔断器熔断、温度控制器不良、风扇或照明装置损坏等都可能造成电冰柜不起动、压缩机不起动或不停机、风扇不转、照明灯不亮等故障。

电冰柜的制冷系统内部充注有制冷剂，当电气系统中的管路或闸阀组件出现泄漏或堵塞时，则可能会造成电冰柜不制冷、结霜严重、压缩机过热停机或不停机、制冷效果差及噪声过大等故障。图 7-8 为电冰柜主要元器件损坏后造成的故障特点。

蒸发器常出现泄漏或堵塞故障，这会严重影响电冰柜的制冷效果，电冰柜的蒸发器较难维修，损坏后只能直接更换

冷凝器是电冰柜的重要散热部件，该部件常出现泄漏故障，致使电冰柜不制冷或制冷效果差

蒸发器

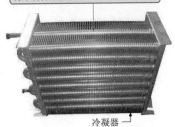

冷凝器

风扇组件主要用来加速电冰柜内的冷气流动，使柜内温度迅速下降。风扇组件损坏，会造成制冷效果变差、局部结霜严重等现象

温度控制器损坏，常会导致电冰柜出现温度异常、制冷效果差、压缩机不停机或不制冷等故障

风扇组件

温度控制器

干燥过滤器
毛细管

压缩机常出现卡缸、抱轴、电动机绕组断路或短路故障，致使电冰柜不制冷。此外，压缩机的起动继电器和保护继电器出现故障，也会导致压缩机不工作或工作异常

干燥过滤器和毛细管常会出现结霜现象，导致电冰柜不制冷或制冷效果差等故障，多是由于阻塞造成的

压缩机

图 7-8　电冰柜主要元器件损坏后造成的故障特点

7.1.3　空调器的故障特点

空调器最基本的功能是实现制冷、制热，因此出现故障后，最常见

的故障也主要表现在制冷、制热效果上，如完全不制冷、完全不制热等；另外，由于空调器某些功能电路失常引起的制冷、制热正常但部分功能失常的故障也比较常见，如漏水或漏电、振动及噪声过大、压缩机不停机等。

1. 空调器完全不制冷的故障特点

空调器完全不制冷是最为常见的故障之一。空调器出现完全不制冷的故障原因有很多，也较复杂，多为制冷剂全部泄漏、制冷系统堵塞、压缩机不运转、温度传感器失灵、压缩机控制或供电电路元器件故障等。

图 7-9 为空调器完全不制冷的故障特点。这种故障主要表现为：空调器开机后，选择制冷工作状态，制冷一段时间后，空调器无冷气吹出。

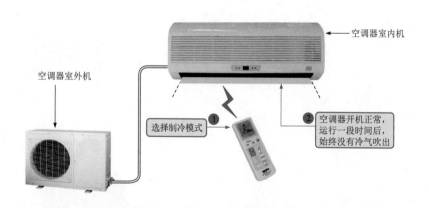

图 7-9　空调器完全不制冷的故障特点

要点说明

空调器制冷系统出现泄漏点后，若没能及时维修，制冷剂会全部漏掉，从而引起空调器完全不制冷的故障。制冷剂全部泄漏完的主要表现是，压缩机起动很轻松，蒸发器里听不到液体的流动声和气流声，停机后，打开工艺管时无气流喷出。

2. 空调器制冷效果差的故障特点

空调器制冷效果差也是空调器最为常见的故障之一。空调器出现制冷效果差的故障原因有很多，也较复杂，如温度设定不正常、滤尘网堵塞、贯流风扇不运转、温度传感器失灵、压缩机间歇运转、制冷剂泄漏、充注的制冷剂过多、制冷系统中有空气、压缩机效率低、蒸发器管路中有冷冻机油、制冷管路轻微堵塞等都会引起制冷效果差的故障。

图 7-10 为空调器制冷效果差的故障特点。这种故障主要表现为：空调器能正常运转制冷，但在规定的工作条件下，室内温度降不到设定温度。

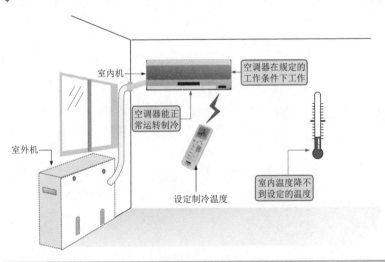

图 7-10　空调器制冷效果差的故障特点

 3. 空调器完全不制热的故障特点

空调器完全不制热是冬季空调器出现较频繁的故障现象。其故障原因多为四通阀不换向、制冷剂全部泄漏、制冷系统堵塞、压缩机不运转、温度传感器失灵、压缩机控制或供电电路元器件故障等。图 7-11 为空调器完全不制热的故障特点。这种故障主要表现为：空调器开机后，选择制热功能，制热一段时间后，无热风送出。

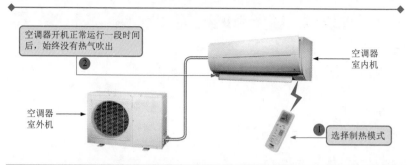

图 7-11　空调器完全不制热的故障特点

 4. 空调器制热效果差的故障特点

空调器制热效果差也是冬季空调器出现较为频繁的故障现象。其故障原因与制冷效果差基本相似，多为温度设定不正常、滤尘网堵塞、贯流风扇不运转、温度传感器失灵、压缩机间歇运转、制冷剂泄漏、充注的制冷剂过多、制冷系统中有空气、压缩机效率低、蒸发器管路中有冷冻机油、制冷管路轻微堵塞等。

图 7-12 为空调器制热效果差的故障特点。这种故障主要表现为：空调器能正常运转制热，但在规定的工作条件下，室内温度上升不到设定温度。

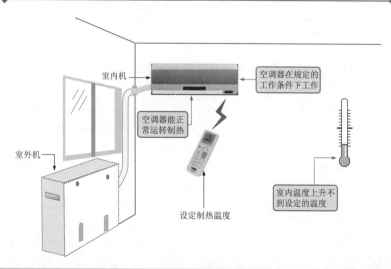

图 7-12　空调器制热效果差的故障特点

要点说明

　　判定空调器制热效果差的故障时，不能凭直觉判断故障，应通过测量室内机的温度差进行判断。将空调器设定在制热状态，待其运行一段时间后，再测量室内机进、出口的温度差，如图7-13所示。如果温度相差小于16℃，说明空调器的制热效果差；如果温度相差大于16℃，即使人体感觉制热效果差，也属于正常现象。

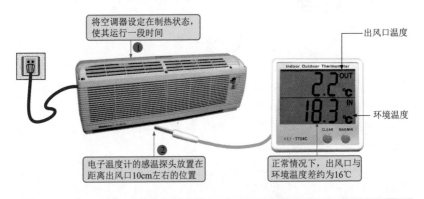

将空调器设定在制热状态，使其运行一段时间 ❶

电子温度计的感温探头放置在距离出风口10cm左右的位置 ❷

出风口温度

环境温度

正常情况下，出风口与环境温度差约为16℃

图7-13　判定空调器制热效果差的方法

5. 空调器漏水的故障特点

　　空调器漏水的故障主要有室外机漏水和室内机漏水两种情况。

　　室外机漏水多为除湿操作时产生的冷凝水，并非空调器本身出现故障。除湿操作产生的冷凝水，一部分在室外机风扇的作用下直接在冷凝器上蒸发，剩余的冷凝水从排水软管流出，但有时在风扇螺旋桨的作用下冷凝水会喷溅出来，积聚在室外机内壁上，滴落流出，便形成漏水。而室内机漏水多为室内机固定不平、排水管破裂、接水盘破裂或脏堵所引起的。图7-14为空调器漏水的故障特点。

6. 空调器漏电的故障特点

　　空调器漏电主要表现为：空调器起动工作后，制冷/制热正常，但空调器室内机外壳带电，有漏电现象。

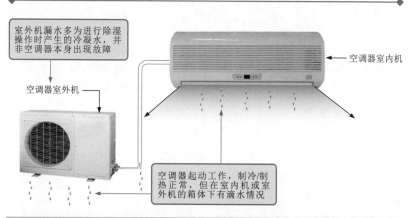

室外机漏水多为进行除湿操作时产生的冷凝水，并非空调器本身出现故障

空调器室外机

空调器室内机

空调器起动工作，制冷/制热正常，但在室内机或室外机的箱体下有滴水情况

图 7-14　空调器漏水的故障特点

　　由于空调器老化、使用环境过于潮湿或电路故障，漏电情况也时有发生，通常可从轻微漏电和严重漏电两方面分析空调器产生漏电的原因。图 7-15 为空调器漏电的故障特点。

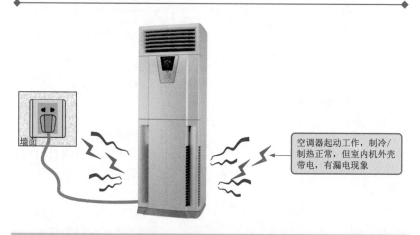

墙面

空调器起动工作，制冷/制热正常，但室内机外壳带电，有漏电现象

图 7-15　空调器漏电的故障特点

▶ 要点说明

　　◆ 轻微漏电通常是由于空调器受潮使电气绝缘性能降低所引起的，此时用手触摸金属部位时会有发麻的感觉，用试电笔检查时试电

笔会有亮光。

◆ 严重漏电通常是由于空调器电气故障或用户自己安装插头时接线错误而使空调器外壳带电，此现象十分危险，不可用手触摸金属部位，使用试电笔测试时试电笔会有强光。

7. 空调器振动及噪声过大的故障特点

空调器振动及噪声过大的故障表现为空调器起动工作时产生的振动及噪声过大。这种故障的原因多为安装不当、空调器内部元器件松动、空调器内有异物、电动机轴承磨损、压缩机抱轴、卡缸等。图 7-16 为空调器振动及噪声过大的故障特点。

图 7-16　空调器振动及噪声过大的故障特点

8. 空调器压缩机不停机的故障特点

在空调器的工作过程中，有时会出现连续运转、不停机的故障，该故障多是由于温度调整不当、温度传感器失灵、制冷量减小、风扇失灵等引起的。

图 7-17 为空调器压缩机不停机的故障特点。

相关资料

◆ 空调器的温度设置过低或环境条件调整不当，如门窗打开或有持续性热源存在等，将造成空调器总无法达到设定的温度，进而使压缩机不停机。

◆ 温度传感器失灵，会使压缩机持续运转，出现不停机的故障。

◆ 在制冷系统中，制冷剂泄漏和系统堵塞等问题都会直接影响空调器的制冷量，制冷量减少时，蒸发器的温度达不到设定值，导致温度传感器不工作，进而使压缩机不停机。

◆ 室外机风扇不转或转速不够，使得空气的流通性变差，从而使制冷剂冷凝或蒸发受到影响。

空调器起动工作

运行时压缩机有时会出现
连续运转、不停机的现象

图 7-17　空调器压缩机不停机的故障特点

7.2　制冷产品的常用检修方法

7.2.1　直接观察法

制冷产品维修人员应该善于从制冷产品的工作状态中查找到故障线索，因此在检修中，可首先对具有明显特征的部位仔细观察，通过外观状态和特点查找重要的故障线索。

 1. 观察制冷产品的整体外观及主要部位是否正常

制冷产品出现故障后，不可盲目拆卸或进行代换检修操作，应首先采用观察法检查制冷产品的整体外观及主要部位是否正常，有无明显磕碰或损坏的地方。

图 7-18 为采用观察法判断制冷产品整体外观及主要部件是否正常。

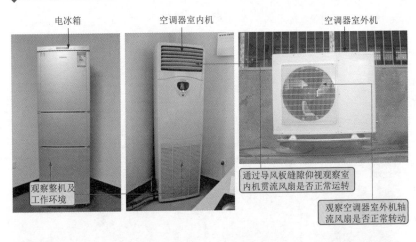

电冰箱　　　　空调器室内机　　　　空调器室外机

通过导风板缝隙仰视观察室内机贯流风扇是否正常运转

观察空调器室外机轴流风扇是否正常转动

观察整机及工作环境

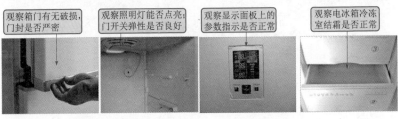

观察箱门有无破损，门封是否严密

观察照明灯能否点亮；门开关弹性是否良好

观察显示面板上的参数指示是否正常

观察电冰箱冷冻室结霜是否正常

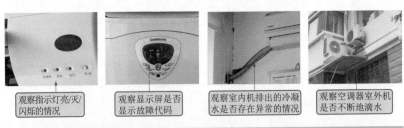

观察指示灯亮/灭/闪烁的情况

观察显示屏是否显示故障代码

观察室内机排出的冷凝水是否存在异常的情况

观察空调器室外机是否不断地滴水

图 7-18　采用观察法判断制冷产品整体外观及主要部件是否正常

 2. 观察制冷产品主要特征部件有无异常

在制冷产品的管路系统中，有些部件在工作时，可通过外部特征很明显地体现工作状态，如毛细管、干燥过滤器等。若毛细管、干燥过滤器表面有明显的结霜现象，则表明管路系统存在脏堵、冰堵或油堵故障。

因此在检修制冷产品时，仔细观察如毛细管、干燥过滤器等具有明显特征部件的外观，对快速辨别故障十分必要。图 7-19 为观察制冷产品主要特征部件是否正常。

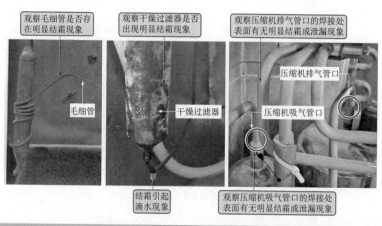

图 7-19　观察制冷产品主要特征部件是否正常

 3. 观察制冷产品管路焊点有无油渍

制冷产品管路系统中的部件之间多采用焊接方式，焊接部位较容易出现泄漏，因此检修时，还应仔细观察各个焊接点处有无油渍（压缩机的冷冻机油），对判断管路系统是否存在泄漏点有很大帮助。图 7-20 为借助白纸观察管路焊接点有无油渍。

图 7-20　借助白纸观察管路焊接点有无油渍

7.2.2　倾听法

倾听法是指通过听觉来获取故障线索的方法，主要用于对能够发出声响的部件进行直观判断，如压缩机的运转声、管路中的气流声等。

图 7-21 为采用倾听法判断空调器的几种故障。

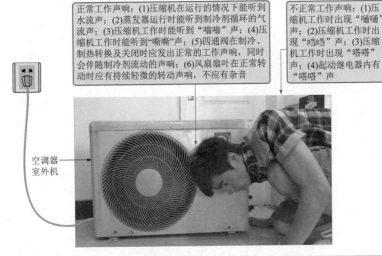

正常工作声响：(1)压缩机在运行的情况下能听到水流声；(2)蒸发器运行时能听到制冷剂循环的气流声；(3)压缩机工作时能听到"嗡嗡"声；(4)压缩机工作时能听到"嘶嘶"声；(5)四通阀在制冷、制热转换及关闭时应发出正常的工作声响，同时会伴随制冷剂流动的声响；(6)风扇扇叶在正常转动时应有持续轻微的转动声响，不应有杂音

不正常工作声响：(1)压缩机工作时出现"嗵嗵"声；(2)压缩机工作时出现"嗞嗞"声；(3)压缩机工作时出现"嗒嗒"声；(4)起动继电器内有"嗒嗒"声

空调器
室外机

图 7-21　采用倾听法判断空调器的几种故障

相关资料

◆ 空调器管路系统气流声的判断方法

通常空调器在正常制冷情况下，由于制冷剂在制冷管道中流动，因此会有气流声或水流声；如果听不到水流声，则说明管路中有堵塞现象。

◆ 空调器压缩机正常与异常声响的判断方法

压缩机在正常工作的情况下应有比较小的"嗡嗡"声，该声音持续且均匀。若听不到压缩机的工作声响，则表明压缩机损坏或其供电电路存在问题。

若听到强烈的"嗡嗡"声，则说明压缩机已经通电，但没有起动，这有可能是压缩机卡缸或者抱轴；若听到"嗵嗵"声，则表明有大量的制冷剂湿蒸气或冷冻机油进入气缸；若听到"嗞嗞"声，类似有异物撞击压缩机，通常可能是内部运动部件出现松动；若听到压缩机内有异常的金属撞击声，如吊簧脱落撞击外壳的声音，此时要马上切断电源；若听到"嗒嗒"声，这通常是由于压缩机起动电路保护器时通时断造成的。电压低或者保护器有故障时，就会出现这种现象。

在空调器风扇运转的过程中应更多地听到风扇转动时产生的风声及驱动电动机工作时所发出的持续轻微的声响。若风扇转动时存在杂音，多属风扇扇叶安装不良；若风扇转动的范围内存在异物，则扇叶与异物相碰撞时就会发出撞击声，这时就需要对风扇的安装情况和周围环境进行检查。

当冷暖空调器出现只制冷不制热和只制热不制冷的情况时，就需要倾听一下四通阀是否动作。通常空调器处于制热状态时，在关闭空调器的瞬间，应该能够听到制冷剂的回流声。如果通、断电时四通阀都不动作，则表明四通阀有故障。

在空调器正常制冷的情况下，由于制冷剂要在制冷管道中流动，因此仔细倾听时会发现有气流声或水流声。在压缩机运行的情况下，若听不到水流声，则说明管路中有堵塞现象。在压缩机运行的情况下，侧耳仔细倾听蒸发器内的气流声，若有类似流水的"嘶嘶"声，则是蒸发器内制冷剂循环的正常气流声。如果没有水流声，则说明制冷剂已经泄漏。如果蒸发器内既没有水流声也没有气流声，则说明过滤器或毛细管存在堵塞现象。

图 7-22 为采用倾听法判断电冰箱的几种故障。

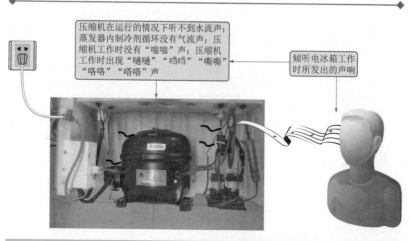

压缩机在运行的情况下听不到水流声；蒸发器内制冷剂循环没有气流声；压缩机工作时没有"嗡嗡"声；压缩机工作时出现"嗵嗵""哐哐""嘶嘶""咯咯""嗒嗒"声

倾听电冰箱工作时所发出的声响

图 7-22　采用倾听法判断电冰箱的几种故障

◆ 电冰箱管路系统气流声的判断方法

通常，电冰箱在正常制冷情况下，由于制冷剂在制冷管道中流动，因此会有气流声或水流声发出；如果听不到水流声，则说明管路中有堵塞的现象。

在压缩机工作的情况下打开电冰箱门，侧耳仔细倾听蒸发器内的气流声。如果有"嘶嘶"声，则是蒸发器内制冷剂循环的正常气流声；如果没有气流声，则说明制冷剂已经泄漏或是干燥过滤器、毛细管等部件存在堵塞现象。

◆ 电冰箱压缩机正常与异常声响的判断方法

压缩机在正常工作时应有比较小且均匀的"嗡嗡"声。

若听到"哐哐"声，则是压缩机液击声，多是由于制冷剂过多、湿蒸气或冷冻机油进入气缸引起的。

若听到"咝咝"声，则是压缩机内部金属撞击的声音，说明内部运动部件出现松动。

若听到强烈的"嗡嗡"声，则说明压缩机已经通电，但没有起动，有可能是压缩机卡缸或者抱轴。若同时听到起动继电器内有"嗒嗒"声，则说明起动触点不能正常跳开。

若听到"嘶嘶"声，则是压缩机内高压管断裂时发出的高压气流声。

若听到"咯咯"声，则是压缩机内吊簧断裂后发出的撞击声。

若没有"嗡嗡"声，则说明压缩机没有起动。

7.2.3　触摸法

触摸法是指通过接触制冷产品某部位感受其温度的方法来判断故障。一般通过触摸法查找故障时，可将制冷产品在通电 20~30min 之后断电关机，这时制冷系统中各部位的温度都会有明显变化，所以通过用手感觉各部位的温度可以有效地查找出故障线索。

根据维修经验，当制冷产品在通电运行 20~30min 之后，温度应有明显变化的部位或部件主要包括压缩机、干燥过滤器、冷凝器、蒸发器等，通过对这些部件温度的变化情况，很容易查找和判断出制冷产品的故障范围。

 1. 通过触摸法感知压缩机的温度

制冷产品在运行状态时，可用手触摸压缩机的表面，感知其温度，判断压缩机的运行情况。在压缩机运转的过程中，用手触摸压缩机不同的位置，感觉到的温度也各有不同。图 7-23 为压缩机不同部位的温度情况。

当压缩机正常运转一段时间后，其表面温度一般不会超过90℃

长时间运行后，其表面温度可能会达到100℃，用手触摸时应有明显的烫手感觉

用手触摸吸气管，应该有冰凉的感觉

用手触摸排气管，感觉温度较高，大约为60℃，有明显的温热感

压缩机吸气管

压缩机排气管

图 7-23　压缩机不同部位的温度情况

要点说明

在压缩机运转过程中，用手感知其表面温度时，触摸动作要迅速，以免造成烫伤。如果压缩机的温度过低，则说明压缩机工作不正常。回气管温度虽然较低，但不应出现结霜或滴水的情况，否则说明制冷剂充注过量。

2. 通过触摸法感知干燥过滤器的温度

干燥过滤器的温度能够在很大程度上体现制冷产品管路系统的工作状态。图 7-24 为通过触摸法感知干燥过滤器的温度是否正常。

用手触摸干燥过滤器时，在正常情况下，干燥过滤器的温度应略高于人体的温度，感觉温热。若感觉温度过低，则说明制冷管路不良，有堵塞现象；若感觉温度过高，则说明制冷管路中的制冷剂过多，需将多余的制冷剂排出。

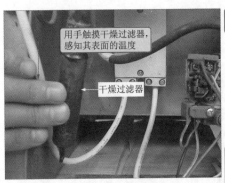
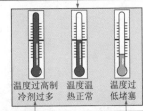

图 7-24　通过触摸法感知干燥过滤器的温度是否正常

3. 通过触摸法感知冷凝器的温度

制冷产品中的冷凝器在工作中也具有明显的温度变化特征，通过感知冷凝器不同部位的温度变化对判断制冷产品中管路系统的工作状态也十分有帮助。

图 7-25 为通过触摸法感知冷凝器的温度是否正常。

要点说明

冷凝器的温度应是从入口处到出口处逐渐递减的，如果冷凝器入口处和出口处的温度没有明显的变化或冷凝器根本就不散发热量，则说明制冷系统的制冷剂有泄漏现象，或者压缩机不工作等。若冷凝器散发热量数分钟后又冷却下来，则说明干燥过滤器、毛细管有堵塞故障。

出口

在正常情况下，冷凝器出口处的温度较低

在正常情况下，冷凝器入口处的温度较高

入口

电冰箱中冷凝器的触摸方法

冷凝器从入口处到出口处温度逐渐降低，触摸时应有明显的温差

正常制冷时，冷凝器出口处的温度较低

空调器中冷凝器的触摸方法

冷凝器入口处

KFR-25

冷凝器出口处

空调器中冷凝器的触摸方法

图7-25　通过触摸法感知冷凝器的温度是否正常

 4. 通过触摸法感知蒸发器的温度

　　蒸发器的温度直接影响制冷产品的制冷效果，通过感知蒸发器上的结霜情况，对判断制冷产品管路系统中是否存在故障十分必要。

　　图7-26为通过触摸法感知蒸发器的温度是否正常。

要点说明

　　在正常情况下，用蘸上水的手抹擦电冰箱蒸发器时应该有被粘连的感觉。如果结霜不满，则可能是制冷剂有泄漏；如果蒸发器根本不结霜，则可能是毛细管堵塞，即毛细管有脏堵或者冰堵的现象。对于带自动除霜功能的电冰箱来说，如果总有结冰的故障出现，则说明化霜电路可能存在故障。

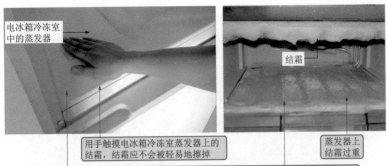

电冰箱冷冻室中的蒸发器

结霜

用手触摸电冰箱冷冻室蒸发器上的结霜，结霜应不会被轻易地擦掉

蒸发器上结霜过重

在正常制冷情况下，冷冻室内应有结霜。打开冷冻室的箱门，用手抹擦冷冻室内蒸发器的结霜，结霜不会被轻易地擦掉；如果结霜很轻易地就被擦去（这种结霜叫作虚霜），则说明制冷剂充注过多，此时就需要放掉多余的制冷剂；如果结霜过重，则可能是开门频繁、食物放得过多、门封不严等引起的

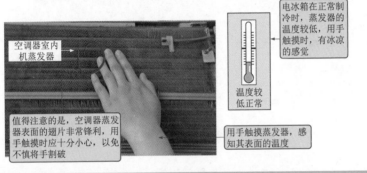

空调器室内机蒸发器

电冰箱在正常制冷时，蒸发器的温度较低，用手触摸时，有冰凉的感觉

温度较低正常

值得注意的是，空调器蒸发器表面的翅片非常锋利，用手触摸时应十分小心，以免不慎将手割破

用手触摸蒸发器，感知其表面的温度

图 7-26　通过触摸法感知蒸发器的温度是否正常

 5. 通过触摸法感知空调器室内机的温度

空调器分为室外机和室内机。使用触摸法检测时，可在空调器刚开始制冷或制热时，用手触摸室内机出风口和吸风口的表面，感知其温度，判断室内机的制冷或制热情况。

图 7-27 为通过触摸法感知空调器室内机温度是否正常。

要点说明

当通过触摸法查找到温度过高或过低的元器件时，应进一步检测该元器件，判断内部是否有短路现象或供电电流是否过大，而对于没有温升或温度变化的元器件来说，可能该元器件没有工作，需要检测该元器件的工作条件是否正常，经逐一排查后，更换损坏的元器件，最终排除故障。

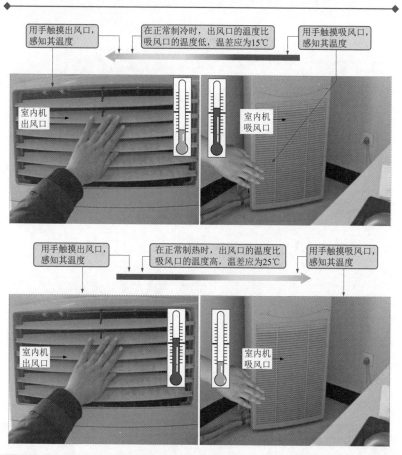

用手触摸出风口，感知其温度

在正常制冷时，出风口的温度比吸风口的温度低，温差应为15℃

用手触摸吸风口，感知其温度

室内机出风口

室内机吸风口

用手触摸出风口，感知其温度

在正常制热时，出风口的温度比吸风口的温度高，温差应为25℃

用手触摸吸风口，感知其温度

室内机出风口

室内机吸风口

图 7-27　通过触摸法感知空调器室内机温度是否正常

7.2.4　管路保压测试法

管路保压测试法是制冷产品管路维修过程中常采用的一种判断方法。它是指通过压力表测试管路系统中压力的大小来判断管路系统是否存在泄漏故障的方法，也可称为保压检漏法。

　　管路保压测试法一般应用于制冷产品管路系统被打开（某部分管路或部件被切开或取下），完成维修后充氮检漏时或对管路重新充注制冷剂后采用的一种测试方法。图7-28为空调器的管路保压测试法；图7-29为电冰箱的管路保压测试法。

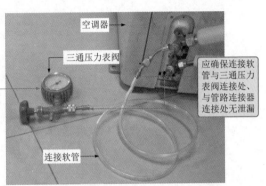

0.45MPa

充注完制冷剂后保压测试

空调器

三通压力表阀

应确保连接软管与三通压力表阀连接处、与管路连接器连接处无泄漏

连接软管

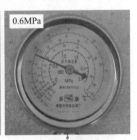

0.45MPa

0.15MPa

0.6MPa

在正常情况下，运行20min后，运行压力应维持在0.45MPa，最高不超过0.5MPa（夏季制冷模式下）

若压力较低，则说明制冷剂不足（多为管路中存在泄漏点）

制冷系统运行压力较高，多为制冷剂充注过量

图 7-28　空调器的管路保压测试法

🔧 **要点说明**

　　保压测试是检修制冷产品管路系统的有效手段。通过对管路系统压力的测试，能够对系统中制冷剂的状态有准确的了解，从而为检修制冷产品提供有效、准确的判断依据。

　　保压测试一般可分为整体保压测试和分段保压测试两种。

◆ 整体保压测试

整体保压测试是指在压缩机的工艺管口处，将三通压力表阀连接好后，向电冰箱管路中充入压力为 0.8~1.0MPa 的氮气，然后用肥皂水对外露的各个焊接点进行检漏（包括冷冻室蒸发器与管路的接头），若无泄漏点，则压力保持 16~24h，前 6h 允许有 2% 的压力下降，后面的 10~18h 不允许压力有任何下降，若压力下降，则判定为制冷系统泄漏，必须进行分段保压。

◆ 分段保压测试

为了缩小泄漏点的寻找范围，需要将电冰箱制冷系统分成高压（冷凝器、压缩机）和低压（蒸发器、毛细管和吸气管）两个部分或更多部分分别进行保压检漏。

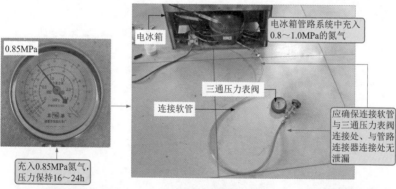

电冰箱

电冰箱管路系统中充入 0.8~1.0MPa 的氮气

三通压力表阀

连接软管

应确保连接软管与三通压力表阀连接处、与管路连接器连接处无泄漏

0.85MPa

充入0.85MPa氮气，压力保持16~24h

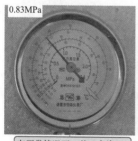

0.83MPa

在正常情况下，前6h允许2%的压力下降，以后不再有压力下降，说明管路无泄漏点

0.7MPa

若放置16~24h后，压力一直缓慢下降，则表明管路中存在轻微泄漏

0.4MPa

若放置16~24h后，压力下降明显，则表明管路中存在较严重泄漏

图 7-29　电冰箱的管路保压测试法

具体方法为

1）从干燥过滤器与毛细管连接处将管路分开，并将分开的两管各自封死。

2）把吸气管从压缩机上取下，并将压缩机上吸气管口封死，这时从压缩机工艺管口所接的三通压力表阀充注 1.0～1.2MPa 的氮气，对高压部分检漏。

3）在压缩机取下的吸气管上再焊接上一个三通压力表阀，通过连接软管、三通压力表阀充入 0.6～0.8MPa 的氮气，进行低压部分的检漏。

在正常情况下，充入氮气后放置几小时应均无压力下降。若高压部分出现压力下降，则建议更换外挂式冷凝器；若低压部分出现压力下降，则多为内漏，应按实际情况采用剪除、扒修和替换等方法修复。

7.2.5 仪表测试法

仪表测试法通常是指通过万用表、示波器及电子温度计等对制冷产品进行测试，通过测试找到故障范围，确定故障点，完成对制冷产品的维修。

 1. 万用表测试法

万用表测试法是在检修制冷产品中电路部分或电气部件时使用较多的一个测试方法。该方法主要检测制冷产品电路部分或电气部件的阻值或电压，然后将实测值与标准值比较，从而锁定制冷产品电路部分或电气部件出现故障的范围，最终确定故障点。

利用万用表测量电冰箱电源电路中的+300V 直流电压，就可以方便地判断出交流输入及整流滤波电路是否正常。若不正常，则可顺着测试点线路中的元器件逐一进行查找，最终确定故障点，如图 7-30 所示。

要点说明

在通电状态下检测电路板部分的电压值或电流值时，必须注意人身安全和产品安全。一般电冰箱都采用220V 作为供电电源，电源板上的交流输入部分带有交流高压，因此在维修时需要注意安全操作。

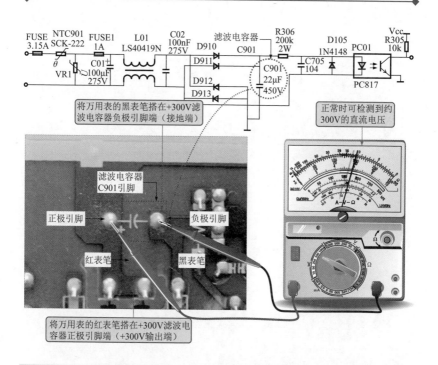

图 7-30　万用表测试电源电路

 2. 示波器测试法

示波器测试法主要通过示波器直接观察有关电路的信号波形，并与正常波形相比较来分析和判断电路部分出现故障的部位。

用示波器检测空调器控制电路部分晶振的信号，通过观察示波器显示屏上显示出的信号波形，可以很方便地识别出波形是否正常，从而判断控制电路的晶振信号是否满足需求，进而迅速地找到故障部位，如图 7-31 所示。

 3. 电子温度计测试法

电子温度计测试法是用来检测制冷温度的一种仪表，可根据检测到的温度来判断制冷效果好坏。

使用电子温度计测试电冰箱制冷温度是否正常时，可直接将电子温度计的感温头放在检测环境下一段时间后观察测量的温度。

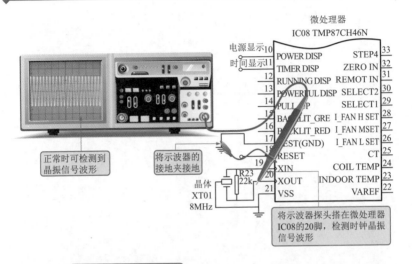

微处理器
IC08 TMP87CH46N

电源显示——10　POWER DISP　STEP4——33
时间显示——11　TIMER DISP　ZERO IN——32
12　RUNNING DISP　REMOT IN——31
13　POWERFUL DISP　SELECT2——30
14　PULL UP　SELECT1——29
15　BACKLIT_GRE　I_FAN H SET——28
16　BACKLIT_RED　I_FAN MSET——27
17　TEST(GND)　I_FAN L SET——26
18　RESET　CT——25
19　XIN　COIL TEMP——24
20　XOUT　INDOOR TEMP——23
21　VSS　VAREF——22

正常时可检测到晶振信号波形

将示波器的接地夹接地

R23 22k

晶体 XT01 8MHz

将示波器探头搭在微处理器IC08的20脚，检测时钟晶振信号波形

调整示波器上的旋钮，使显示屏上显示出清晰的波形

示波器

空调器电路板

将示波器的测试探头搭接在待测点上

测试探头

图 7-31　示波器测试晶振信号

　　使用电子温度计测试空调器运行后温度是否正常时，可在空调器运行 30min 后，在距离空调器出风口 10cm 的位置，分别测量环境温度和出风口温度，根据两者的温差来判断空调器制冷效果好坏。

　　图 7-32 为使用电子温度计测试制冷产品。

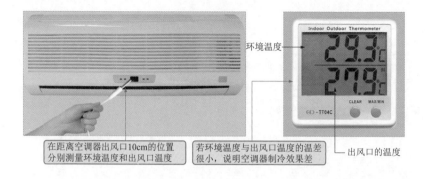

环境温度

在距离空调器出风口10cm的位置
分别测量环境温度和出风口温度

若环境温度与出风口温度的温差
很小，说明空调器制冷效果差

出风口的温度

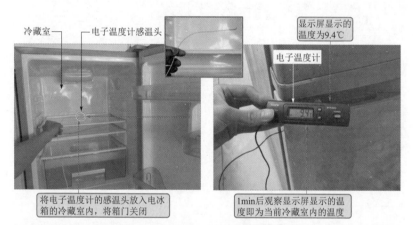

冷藏室

电子温度计感温头

显示屏显示的
温度为9.4℃

电子温度计

将电子温度计的感温头放入电冰
箱的冷藏室内，将箱门关闭

1min后观察显示屏显示的温
度即为当前冷藏室内的温度

图 7-32　使用电子温度计测试制冷产品

第8章
制冷设备主要功能部件的检修代换

8.1 压缩机的检修代换

8.1.1 压缩机的特点

压缩机是制冷循环系统的重要动力源。它从吸气口将制冷管路中的制冷剂抽入其内部强力压缩，并将压缩后的高温高压制冷剂从排气口输出，驱动制冷剂在管路中循环流动，通过热交换达到制冷的目的。

 1. 空调器压缩机

图 8-1 为典型空调器压缩机的功能示意图。

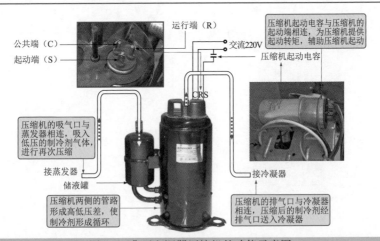

图 8-1 典型空调器压缩机的功能示意图

2. 电冰箱（电冰柜）压缩机

图 8-2 为典型电冰箱（电冰柜）压缩机的功能示意图。

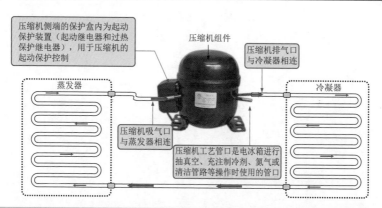

图 8-2　典型电冰箱压缩机的功能示意图

8.1.2　压缩机的检测

若压缩机不能起动工作，可以使用万用表检测压缩机绕组的阻值，通过阻值来判断压缩机是否出现故障。

如图 8-3 所示，以检测电冰箱中的压缩机为例。将万用表的红、黑表笔任意搭接在压缩机绕组端，分别检测公共端与起动端、公共端与运

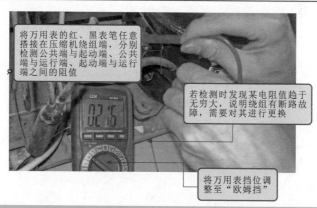

图 8-3　压缩机的检测方法

行端、起动端与运行端之间的阻值。若检测时发现某电阻值趋于无穷大，说明绕组有断路故障，需要对其进行更换。

要点说明

　　如图 8-4 所示，检测压缩机绕组端阻值时观测万用表显示的数值，正常情况下，起动端与运行端之间的阻值等于公共端与起动端之间的阻值加上公共端与运行端之间的阻值。

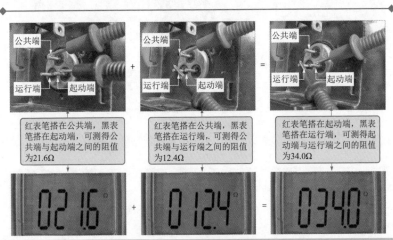

图 8-4　压缩机绕组测量阻值的关系

　　除了通过检测绕组阻值来判断压缩机的好坏外，还可通过检测运行压力和运行电流来检测压缩机的好坏。运行压力是通过三通压力表阀检测管路压力得到的；运行电流可通过钳形表检测。下面以检测空调器压缩机的运行压力和运行电流为例，介绍一下具体的检测方法，如图 8-5 所示。

要点说明

　　若测得空调器运行压力为 0.8MPa 左右，运行电流仅为额定电流的一半，并且压缩机排气口与吸气口均无明显的温度变化，仔细倾听，能够听到很小的气流声，则多为压缩机存在窜气故障；若压缩机供电电压正常，而运行电流为零，则说明压缩机的电动机可能存在开路故障；若压缩机供电电压正常，运行电流也正常，但压缩机不能起动运转，则多为压缩机的起动电容损坏或压缩机出现卡缸的故障。

| 将三通压力表阀与空调器的工艺管口相连，空调器起动后，便可在压力表上查看到当前的运行压力 | 使用钳形表钳住单根供电线路(L) | 空调器起动后，便可查看到当前的运行电流 |

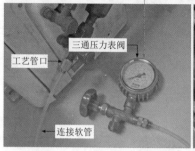

三通压力表阀

工艺管口

连接软管

图 8-5　运行压力和运行电流的检测方法

8.1.3　压缩机的拆卸代换

若检测发现压缩机本身损坏，则需要对损坏的压缩机进行代换。代换压缩机时应先对损坏的压缩机进行拆卸，然后再进行代换。

 1. 压缩机的拆卸

拆卸时，需要使用气焊将压缩机与冷凝器和蒸发器相连的管路分离。下面以电冰箱压缩机的拆卸为例进行介绍。

通常压缩机位于电冰箱的底部，不仅外侧空间狭小，而且与电冰箱主要管路部件连接密切，因此，拆卸压缩机首先要将相连的管路断开，然后再设法将压缩机取出。

（1）拆焊压缩机管路

压缩机的排气口与吸气口分别与冷凝器和蒸发器的管口焊接在一起，首先要对压缩机管路进行拆焊，如图 8-6 所示。

（2）拆卸压缩机底部螺栓

压缩机下方通过螺栓固定在电冰箱的底板上。因此焊开管路后，再拆下压缩机底部螺栓，如图 8-7 所示。使损坏的压缩机与电冰箱底板完全分离后，即可将其取出。

扫一扫看视频

 2. 压缩机的代换

如图 8-8 所示，在更换压缩机前，要认真识读已损坏压缩机的参数

标识，确保代换的压缩机与已损坏压缩机规格参数保持一致。

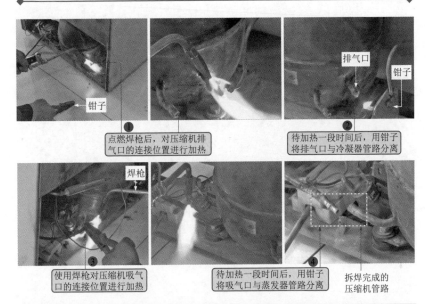

图 8-6　压缩机管路的拆焊方法

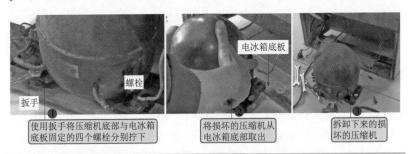

图 8-7　压缩机底部螺栓的拆卸方法

选择好代换的压缩机后，将其放置在原压缩机的安装位置处，使用螺栓将其固定在电冰箱底板上，如图 8-9 所示。

 3. 代换压缩机的管路焊接

压缩机固定完成后，接下来应将压缩机各管口与相应管路进行连接。这里，首先连接压缩机吸气口与蒸发器出气口，如图 8-10 所示。

型号
电压
功率　制冷剂

损坏压缩机的铭牌标识　找到与故障电冰箱压缩机型号、规格和制冷剂型号等参数相同的压缩机　待更换压缩机的铭牌标识

图8-8　压缩机的选择方法

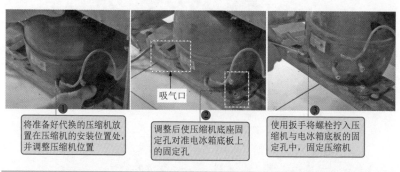

吸气口

①将准备好代换的压缩机放置在压缩机的安装位置处，并调整压缩机位置　②调整后使压缩机底座固定孔对准电冰箱底板上的固定孔　③使用扳手将螺栓拧入压缩机与电冰箱底板的固定孔中，固定压缩机

图8-9　新压缩机的固定方法

相关资料

在进行压缩机管口与管路的焊接过程中，由于大部分压缩机的吸气口、排气口的管径较粗，蒸发器或冷凝器的管路可以直接插入到压缩机的吸气口、排气口中，而不需要再进行扩口操作。

接着焊接压缩机的排气口与冷凝器进气口，如图8-11所示。先将冷凝器进气口进行切管加工后，使用气焊设备将其与压缩机排气口进行焊接，然后进行通电试机。

切管器

吸气口

①

使用切管器将蒸发器与压缩机焊接处管路的不规整部分切除掉

压缩机

②

将处理后的蒸发器排气口管路插入压缩机排气口，准备焊接

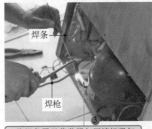

焊条

焊枪

③

将焊条置于蒸发器与压缩机吸气口的焊接处，点燃焊枪，使焊条熔化在焊接处

压缩机

④

当焊接处铜管被加热至暗红色时，将焊条放置到焊口处，使熔化的焊条均匀地包裹在焊接口处

图 8-10　压缩机管路与蒸发器管路的焊接方法

焊枪发出的火焰对准冷凝器管路与压缩机排气口的焊接处进行加热

②

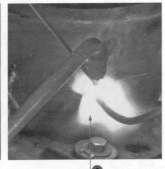

压缩机

①

点燃焊枪后，使用钳子夹住冷凝器进气口管路

③

当焊接处铜管被加热至暗红色时，将焊条放置到焊口处，熔化的焊条均匀地包裹在焊接处

图 8-11　压缩机管路与冷凝器管路的焊接方法

8.2　过热保护继电器的检修代换

8.2.1　过热保护继电器的特点

过热保护继电器是压缩机的重要保护部件。该部件实际上是一种过电流、过电压双重保护部件，可利用内部铜片受热反向变形的原理对压缩机的供电线路进行控制，保护压缩机安全运行。

图8-12为过热保护继电器在过电流状态下的保护功能。当压缩机的运行电流正常时，过热保护继电器内的电阻加热丝微量发热，碟形双金属片受热较低，处于正常工作状态，动触点与接线端子上的静触点处于接通状态，通过接线端子连接的线缆将电源传输到压缩机电动机绕组上，压缩机得电起动运转。

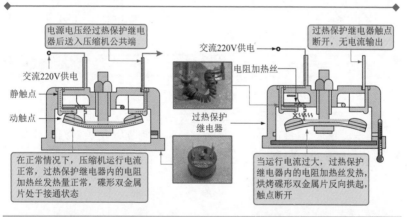

图8-12　过热保护继电器在过电流状态下的保护功能

当压缩机的运行电流过大时，过热保护继电器内的电阻加热丝发热，烘烤碟形双金属片，使其反向拱起，保护触点断开，切断电源，压缩机断电，停止运转。

图8-13为过热保护继电器在过热状态下的保护功能。过热保护继电器的感温面实时检测压缩机的温度变化。当压缩机温度正常时，过热保护继电器双金属片上的动触点与内部静触点保持原始接触状态，通过接线端子连接的线缆将电源传输到压缩机电动机绕组上，压缩机得电起动运转。

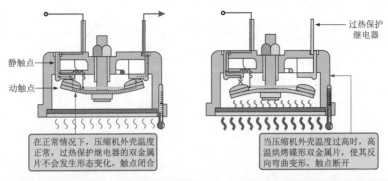

图 8-13　过热保护继电器在过热状态下的保护功能

　　当压缩机内温度过高时，必定使机壳温度升高，在正常额定运行电流通过电阻加热丝的低发热量下，过热保护继电器受到压缩机壳体温度的烘烤，双金属片受热变形向下弯曲，带动其动触点与内部的静触点分离，断开接线端子的线路，压缩机断电停止运转，可有效防止压缩机内部因温度过高而损坏。

8.2.2　过热保护继电器的检测

扫一扫看视频

　　过热保护继电器损坏的原因多是触点接触不良、触点粘连、电阻丝烧断或常温下双金属触点变形不能复位等，若要判断过热保护继电器是否有故障，需用万用表对过热保护继电器进行检测。

　　如图 8-14 所示，可分别在室内温度下和对保护继电器感温面升温条件下，借助万用表对过热保护继电器两引线端子间的阻值进行检测。

🔾 要点说明

　　室温状态下，保护继电器金属片触点处于接通状态，用万用表检测接线端子的阻值应接近于零，则说明正常；若测得阻值过大，甚至到无穷大，则说明该过热保护继电器内部损坏。

　　高温状态下，保护继电器金属片变形断开，用万用表检测接线端子的阻值应为无穷大；若测得阻值为零，则说明该过热保护继电器已损坏，应更换。

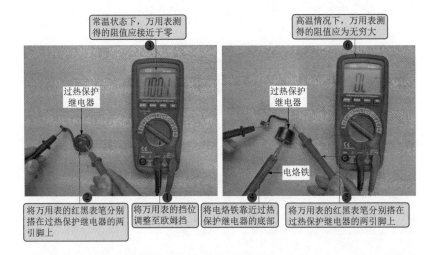

图 8-14　过热保护继电器的检测方法

8.2.3　过热保护继电器的拆卸代换

过热保护继电器通常安装在压缩机的接线端子保护盒中，因此要先拆卸保护盒，然后才能将过热保护继电器取下。

下面以拆卸空调器中的过热保护继电器为例，介绍一下具体的拆卸方法。如图 8-15 所示，使用扳手拆卸过热保护继电器护盖。

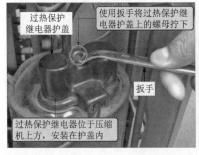

图 8-15　拆卸过热保护继电器护盖

卸下过热保护继电器护盖后，按图 8-16 所示，拔下过热保护继电器接线端上的引线，即可将过热保护继电器取下。

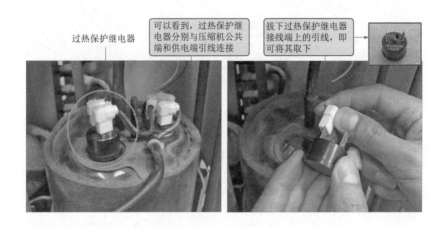

过热保护继电器

可以看到，过热保护继电器分别与压缩机公共端和供电端引线连接

拔下过热保护继电器接线端上的引线，即可将其取下

图 8-16 取下过热保护继电器

将损坏的过热保护继电器取下后，需要根据损坏的过热保护继电器的规格参数、体积大小、接线端子位置等选择合适的新的过热保护继电器代换。

如图 8-17 所示，代换过热保护继电器时，将新的过热保护继电器重新安装在之前的位置后，固定好即可。

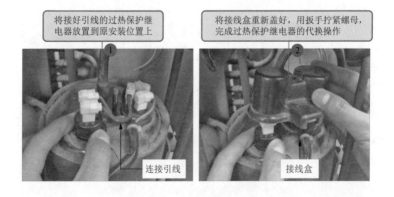

将接好引线的过热保护继电器放置到原安装位置上

连接引线

将接线盒重新盖好，用扳手拧紧螺母，完成过热保护继电器的代换操作

接线盒

图 8-17 过热保护继电器的代换方法

8.3　热交换部件的检修代换

8.3.1　热交换部件的特点

制冷产品中的热交换部件主要是指蒸发器和冷凝器。它们是制冷产品中的重要组成部分，制冷剂主要通过蒸发器和冷凝器与外界进行热交换，从而实现制冷或制热。

 1. 冷凝器

通常，电冰箱和电冰柜的冷凝器安装在箱体的外部，空调器的冷凝器安装于室外机中。根据散热方式的不同，冷凝器主要可分为钢丝盘管式冷凝器、百叶窗式冷凝器和风冷翅片式冷凝器。

扫一扫看视频

（1）钢丝盘管式冷凝器

钢丝盘管式冷凝器又叫作丝管式冷凝器，它的蛇形盘管由表面镀铜的薄钢板卷焊而成，在盘管两侧均匀地焊上直径为 1.5~2mm 的钢丝，利用钢丝散热，如图 8-18 所示。这种冷凝器体积小，重量轻，散热效果好，便于机械化生产，主要应用于电冰箱或电冰柜中。

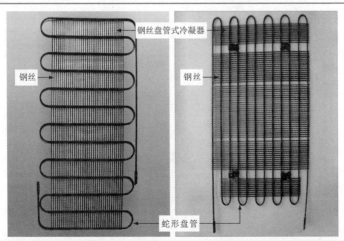

图 8-18　钢丝盘管式冷凝器的结构

（2）百叶窗式冷凝器

百叶窗式冷凝器是将盘管紧密嵌接、胀接或点焊在百叶窗状风孔的散热钢板上，如图8-19所示。盘管通常采用纯铜管制成，散热钢板采用普通碳素钢板制成。这种冷凝器多应用于电冰箱中，其结构较为简单，但散热效果较差。

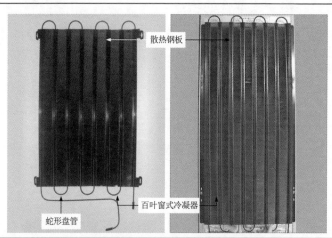

图 8-19　百叶窗式冷凝器的结构

（3）风冷翅片式冷凝器

如图8-20所示，风冷翅片式冷凝器多应用于空调器及大型电冰箱中。它是由纯铜管和翅片组成的，纯铜管焊接在翅片里，与翅片一起制成长方体，然后安装在箱壁内。

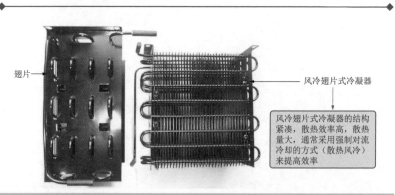

图 8-20　风冷翅片式冷凝器

2. 蒸发器

蒸发器在制冷管路中将蒸发器内的制冷剂从外界吸收热量进行气化，这样就使得蒸发器周围的温度下降，达到了制冷的效果。

在空调器中，由于许多空调器都具备制冷和制热的功能。通过室外机中的电磁四通阀可改变制冷剂的流向。因此，空调器中的冷凝器和蒸发器所采用的形式基本类似，根据功能的切换，冷凝器和蒸发器的作用也可互换。换句话说，在制冷状态下，室内机中的热交换部件执行冷凝器的功能，室外机的热交换部件执行蒸发器的功能。当切换到制热模式，空调器室内机的热交换部件则执行蒸发器的功能，而室外机的热交换部件则执行冷凝器的功能。因此，空调器中的蒸发器和冷凝器所采用的结构形式基本类似。

在电冰箱或电冰柜中，蒸发器安装在箱体内。其功能与冷凝器正好相反，制冷剂在蒸发器内进行气化的过程中，从外界（电冰箱内的空气和食物）吸收热量，这样就使得电冰箱内的温度下降，达到了制冷的效果。

目前市场上的电冰箱（电冰柜）所采用的蒸发器外形有很多样式，其中冷藏室和变温室多采用内藏式蒸发器，而冷冻室则多采用外露式蒸发器。

扫一扫看视频

（1）内藏式蒸发器

目前，电冰箱内藏式蒸发器多为板管式结构，如图 8-21 所示，这种蒸发器是将铜管或铝管制成一定形状后，用锡焊或粘接的方法安装在成形的铜板或铝板上制成的。

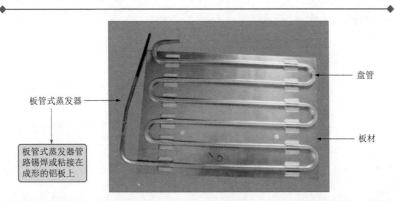

板管式蒸发器

板管式蒸发器管路锡焊或粘接在成形的铝板上

盘管

板材

图 8-21　板管式蒸发器

板管式蒸发器的结构简单，加工方便，对原材料和加工设备无太高的要求。但这种蒸发器只能做成单程盘管，且盘管的长度受一定的限制，而且由于盘管与壁板之间会存在一定的距离，这也在一定程度上影响了它的传热效率，同时也会造成蒸发器制冷量不均匀的现象。

相关资料

一些老式电冰箱（电冰柜）中采用的蒸发器多为吹胀式蒸发器，它是依靠空气自然循环的一种蒸发器。这种蒸发器是将具有阻焊特性的涂料浇注到事先设计好的蒸发管路模具中，然后与盘好的管路进行强力高压扎焊，使其成为一体，最后再由高压氮气进行充注，将管路吹胀，如图8-22所示。

这种蒸发器整体嵌入在冷冻室隔热层中，当遇到蒸发器发生泄漏故障时，必须将其整体废除，然后重新嵌入新的蒸发器。

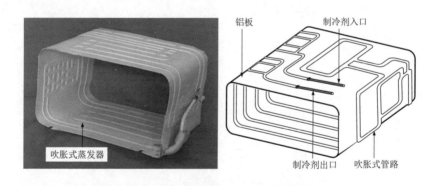

图 8-22　吹胀式蒸发器

（2）外露式蒸发器

外露式蒸发器多应用于冷冻室内，由于冷冻室需要的制冷量多于冷藏室，因此，外露式蒸发器常以外露状态出现。图8-23所示为外露式蒸发器的实物外形，从图中可以看出这种蒸发器主要由钢丝和盘管组成。

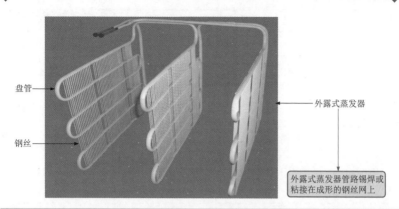

图 8-23　外露式蒸发器的实物外形

图 8-24 所示为外露式蒸发器的结构示意图，它是在制冷盘管的两侧均匀地点焊上钢丝，其结构与钢丝盘管式冷凝器类似，这种蒸发器多用于大容积抽屉式电冰箱的冷冻室中。

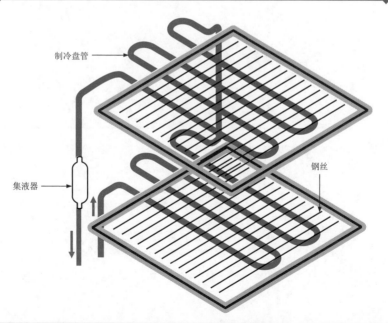

图 8-24　外露式蒸发器的结构示意图

8.3.2 热交换部件的检测

 1. 冷凝器的检测

冷凝器的故障主要表现为泄漏或堵塞。通常，冷凝器的管口焊接处是最容易出现泄漏问题的部位，若怀疑冷凝器泄漏时，应重点对焊接处进行检查。

当怀疑冷凝器出现堵塞故障时，可通过检查冷凝器的温度、观察冷凝器的管口焊接处是否有泄漏等方法进行判断。冷凝器的检修方法如图 8-25 所示。

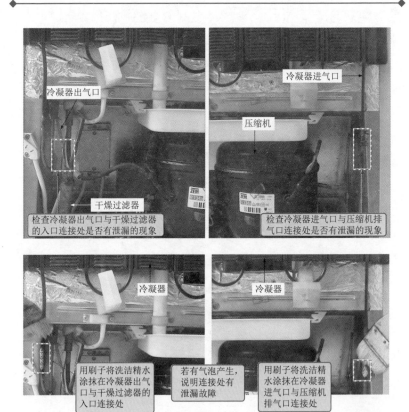

图 8-25 冷凝器的检修方法

要点说明

　　冷凝器是电冰箱最主要的散热部件，若冷凝器损坏，将导致电冰箱散热不良、不制冷或制冷不正常的故障。在电冰箱使用过程中，导致冷凝器故障的原因主要有：

　　1）电冰箱位置放置不当，如离墙面过近、周围环境温度过高等情况，都会使冷凝器的传热性能受到影响。

　　2）长时间不清洁冷凝器，使得冷凝器上外壁沾满了厚厚的灰尘或污垢，电冰箱的制冷性能也会受到很大的影响。

2. 蒸发器的检测

　　蒸发器最常见的故障是堵塞或泄漏，为了确定蒸发器是否出现故障，可通过对制冷管路的各连接部分进行检查来判断。

　　对蒸发器进行检查，主要是检查蒸发器是否出现泄漏或堵塞。蒸发器的检修方法如图 8-26 所示。

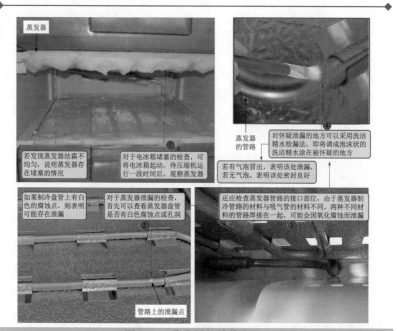

图 8-26　蒸发器的检修方法

要点说明

导致电冰箱中蒸发器泄漏的原因主要有：

1）制造蒸发器的材料质量存在缺陷。例如，局部有微小的金属残渣，在使用时受到制冷剂压力和液体的冲刷，容易出现微小的泄漏；或者制作蒸发器盘管的材料本身就有砂眼。

2）电冰箱长期被含有碱性成分的物品侵蚀而造成泄漏。

3）由于除霜不当或被异物碰撞而造成蒸发器的泄漏。例如，蒸发器长时间不除霜，其表面霜层结得很厚，这时使用锋利的金属物进行铲霜操作，极易扎破蒸发器表面。

导致蒸发器堵塞的原因有：

1）电冰箱内霜层太厚，食物与蒸发器冻在一起，这时若强行将食物取出，容易造成蒸发器制冷盘管变形而使制冷剂无法正常顺畅地流通，从而造成堵塞。

2）冷冻机油残留在蒸发器盘管内。

8.3.3　热交换部件的拆卸代换

 1. 冷凝器的拆卸代换

若发现冷凝器堵塞严重，无法将其内部污物清除干净，则需要对冷凝器进行更换，以保证电冰箱的正常运行。

目前，新型电冰箱多采用内置式冷凝器，由电冰箱两侧散热，这使得电冰箱不仅在外观上变得美观，而且冷凝器也不至于长期暴露在空气中受到腐蚀。然而这种内置式冷凝器的电冰箱一旦冷凝器发生堵塞或泄漏会给维修带来极大的困难。

图 8-27 所示为电冰箱的内置式冷凝器。由于冷凝器安装在电冰箱背部箱体内，维修人员需要将电冰箱背面的箱体全部打开，才能实施维修或更换，这样会大大增加维修成本。因此在维修中，最有效、最快捷且最经济的维修方法是在电冰箱背部加装一个外置式冷凝器，将原来电冰箱自带的内置式冷凝器弃之不用。

替代内置式冷凝器的具体方案如图 8-28 所示。

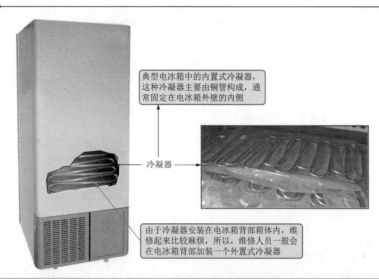

典型电冰箱中的内置式冷凝器，这种冷凝器主要由铜管构成，通常固定在电冰箱外壁的内侧

冷凝器

由于冷凝器安装在电冰箱背部箱体内，维修起来比较麻烦，所以，维修人员一般会在电冰箱背部加装一个外置式冷凝器

图 8-27　电冰箱的内置式冷凝器

电冰箱背部

根据电冰箱背部的面积大小选用合适的外置式冷凝器

外置式冷凝器

将冷凝器的进气管路与压缩机的排气管相连；冷凝器的出气管路与干燥过滤器相连

图 8-28　替代内置式冷凝器的具体方案

要点说明

选择替代的冷凝器一定要考虑尺寸要与当前电冰箱匹配。若选用的冷凝器尺寸偏小，所引起的故障表现类似制冷剂充注量过多，这时，若减少制冷剂则会使蒸发器不能结霜，引起其他故障。因此，更换冷凝器时尽量选用合适的尺寸。

将外置式冷凝器放置到电冰箱的背部，对齐管路后，固定好冷凝器，并将冷凝器两端管口的橡胶套取下。安装固定外置式冷凝器的方法如图8-29所示。

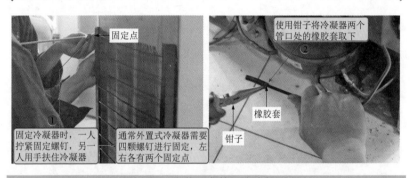

图8-29　安装固定外置式冷凝器

接下来使用气焊设备，先将压缩机与内置式冷凝器的连接管路焊开，再将外置式冷凝器与压缩机的排气口进行连接。焊接冷凝器的管路的方法如图8-30所示。

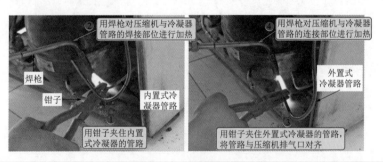

图8-30　焊接冷凝器的管路

对外置式冷凝器的另一端管路进行焊接。由于是对管路进行维修，因此也需要对干燥过滤器进行代换。焊接冷凝器另一端管路的方法如图8-31所示。

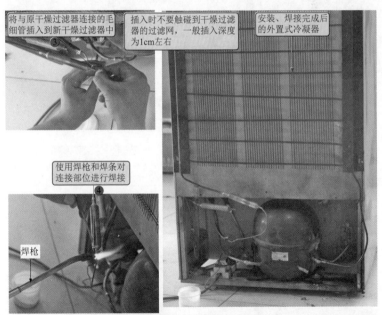

图8-31　焊接冷凝器另一端的管路

 2. 蒸发器的拆卸代换

若蒸发器泄漏或堵塞严重无法修复时，则需要对蒸发器进行更换，以保证电冰箱的正常运行。

　　蒸发器固定在冷冻室中，分别与毛细管和干燥过滤器相连，拆卸代换时通常可分为4步：第1步是寻找可代替的蒸发器；第2步是对蒸发器进行拆卸；第3步是对蒸发器管路进行加工；第4步是对蒸发器进行代换。

（1）寻找可代替的蒸发器

　　更换时需要根据损坏的蒸发器的管路直径、大小选择合适的部件进行代换。蒸发器和毛细管的选择方法如图8-32所示。

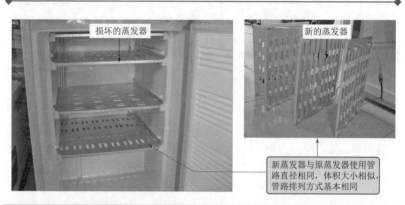

图8-32　蒸发器和毛细管的选择方法

（2）对蒸发器进行拆卸

　　蒸发器安装于冷冻室中，固定在支架上。先将蒸发器的固定支架拆开，再将蒸发器与毛细管分离。蒸发器的拆卸方法如图8-33所示。

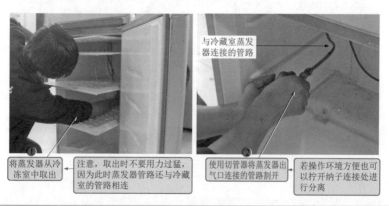

图8-33　蒸发器的拆卸方法

毛细管

蒸发器

③ 使用钳子将蒸发器进气口与毛细管连接处剪断

④ 取出损坏的蒸发器，拆卸完成

图 8-33　蒸发器的拆卸方法（续）

（3）对蒸发器管路进行加工

拆下冷冻室损坏的蒸发器后，再将冷冻室新蒸发器的管口进行加工，然后对管路进行连接。蒸发器管路的加工方法如图 8-34 所示。

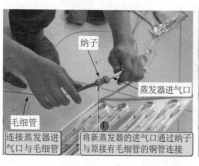
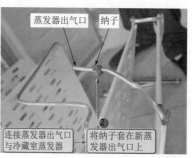

纳子

蒸发器进气口

毛细管

连接蒸发器进气口与毛细管

① 将新蒸发器的进气口通过纳子与原接有毛细管的铜管连接

蒸发器出气口　　纳子

连接蒸发器出气口与冷藏室蒸发器

② 将纳子套在新蒸发器出气口上

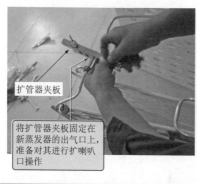

扩管器夹板

③ 将扩管器夹板固定在新蒸发器的出气口上，准备对其进行扩喇叭口操作

④ 将顶压器对准新蒸发器管口（出气口）进行扩喇叭口操作，以便通过纳子与蒸发器进行连接

图 8-34　蒸发器管路的加工方法

（4）对蒸发器进行代换

蒸发器的管路加工完成后，再将蒸发器安装回原来的位置。蒸发器的代换方法如图 8-35 所示。

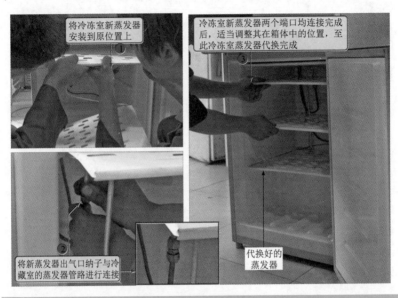

将冷冻室新蒸发器安装到原位置上 ①

冷冻室新蒸发器两个端口均连接完成后，适当调整其在箱体中的位置，至此冷冻室蒸发器代换完成 ③

将新蒸发器出气口纳子与冷藏室的蒸发器管路进行连接 ②

代换好的蒸发器

图 8-35　蒸发器的代换方法

第9章
制冷设备变频电路的检修训练

9.1 制冷设备变频电路的特点

9.1.1 变频器的原理

　　传统的电动机驱动方式是恒频的，即用频率为 50Hz 的交流 220V 或 380V 电源直接去驱动电动机，如图 9-1 所示。由于电源频率恒定，电动机的转速是不变的。如果需要满足变速的要求，就需要增加附加的减速或升速设备（变速齿轮箱等），这样会增加设备成本，还会增加能源消耗，其功能还受限制。

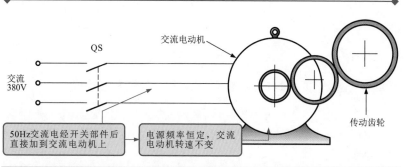

QS

交流电动机

交流
380V

传动齿轮

50Hz交流电经开关部件后
直接加到交流电动机上

电源频率恒定，交流
电动机转速不变

图 9-1　恒频驱动方式

　　为了克服恒频驱动中的缺点，提高效率，随着变频技术的发展，采用变频器进行控制的方式得到了广泛应用，即采用变频的驱动方式驱动电动机可以实现宽范围的转速控制，还可以大大提高效率，具有环保节能的特点。

相关资料

　　恒频与变频两种控制方式中，关键的区别在于控制电路输出交流电压的频率是否可变，图9-2所示为两种控制方式输出电压的波形图。

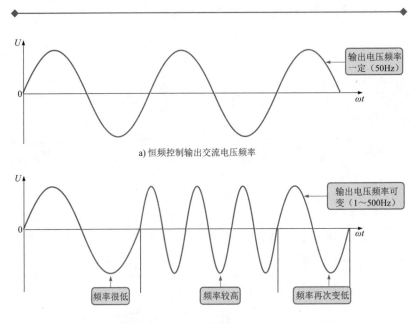

a) 恒频控制输出交流电压频率

b) 变频控制输出交流电压频率

图9-2　恒频控制与变频控制中输出电压的波形图

　　如图9-3所示，在电动机驱动系统中采用变频器将恒压恒频的电源变成电压、频率都可调的驱动电源，从而使电动机转速随输出电源频率的变化而变化。

　　交流异步电动机的转速与驱动电源的频率有关，因而可通过改变驱动电动机电源的频率来改变电动机的转速，这就是变频器中电路的基本原理。

　　变频器的电路结构如图9-4所示。它主要是由整流电路、中间电路、逆变电路以及转速控制电路等构成的。

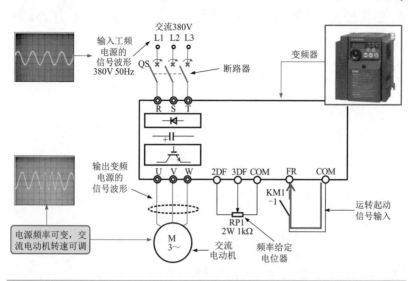

图 9-3　电动机的变频控制简单原理示意图

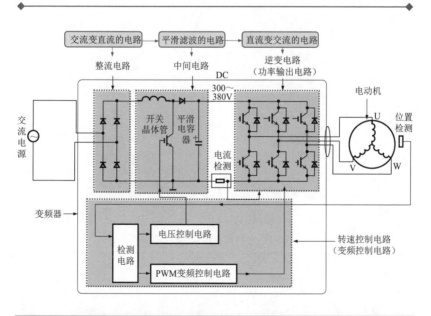

图 9-4　变频器的电路结构

9.1.2　变频器的控制过程

变频器的控制过程主要是实现对交流异步电动机进行起动、停止、变速的控制过程，下面以典型三相交流电动机的变频调速控制电路为例，介绍变频器在实际应用电路中的具体控制过程。

 1. 变频器的待机状态

如图 9-5 所示，当闭合总断路器 QF，接通三相电源后，变频器进入待机准备状态。

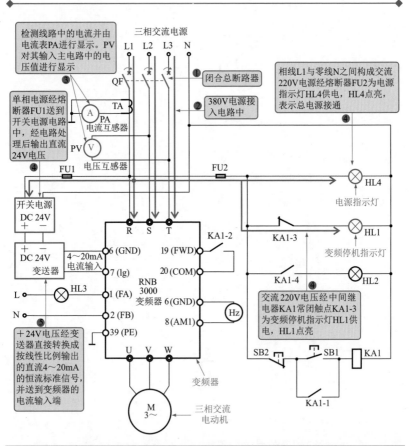

图 9-5　变频器调速控制电路中变频器待机状态

2. 变频器控制三相交流电动机的起动过程

图 9-6 所示为按下起动按钮 SB1 后，由变频器控制三相交流电动机软起动的控制过程。

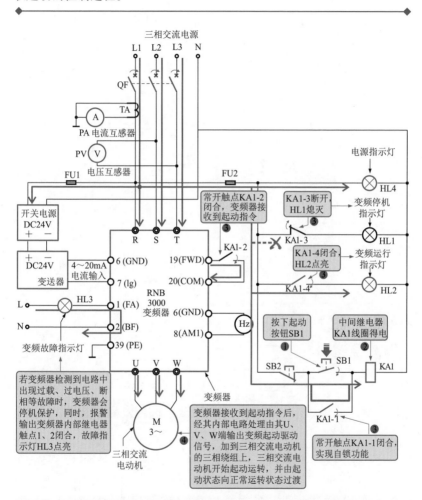

图 9-6　变频器控制三相交流电动机软起动过程

 3. 变频器控制三相交流电动机的停机过程

图 9-7 所示为按下停止按钮 SB2 后，由变频器控制三相交流电动机

停机的控制过程。

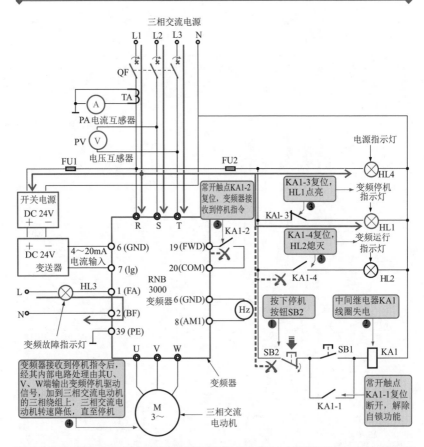

图9-7　变频器控制三相交流电动机停机的控制过程

9.1.3　变频器的逆变电路

　　逆变电路的功能与整流电路的功能正好相反，它是在变频控制电路的作用下将直流电压逆变为交流电压的电路。不同类型变频器中采用的逆变电路结构不同，其内部组成的功率部件也不相同，目前多采用由6只带阻尼二极管的 IGBT 或将它们集成后制作成一个整体的功率模块等，如图9-8所示。

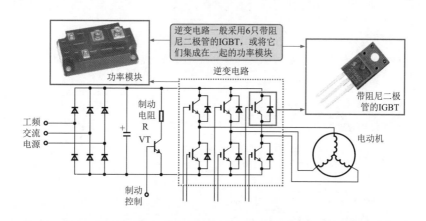

图 9-8   变频器主电路部分的半导体器件

多数变频电路在实际工作时，首先将交流电压整流为直流电压，再由变频电路通过对逆变电路的控制将直流电压变为频率可调的交流电压，这一过程称为逆变过程，实现逆变功能的电路称为逆变电路或逆变器。

由于逆变电路是实现变频技术的重点电路，因此大多数情况下，直接将逆变电路称为变频电路，下面分别从其结构形式、工作原理和类型三个方面进行介绍。

目前，常见的逆变电路通常有三种结构形式：一种为由新型智能变频功率模块构成的逆变电路；一种为由变频控制电路和功率模块构成的逆变电路；还有一种由变频控制电路和功率晶体管构成的逆变电路。

 1. 由智能变频功率模块构成的逆变电路

智能变频功率模块是指将逻辑控制电路、电流检测和功率输出电路等集成在一起，并采用特殊工艺将其封装成一个整体，具有逆变（变频）功能的功能模块，广泛应用于各种变频控制系统中，如制冷设备的变频电路、电动机变频控制系统等。

图 9-9 所示为由智能变频功率模块构成的逆变电路的基本结构。

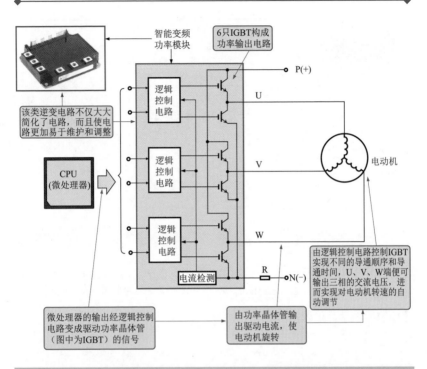

图 9-9　由智能变频功率模块构成的逆变电路的基本结构

 2. 由功率模块构成的逆变电路

功率模块是指将多只半导体管集成在一起制成的功能模块，它与智能变频功率模块的不同之处在于，逻辑控制电路未集成到模块中，而是作为模块外部的控制器件安装在外围电路中。

图 9-10 所示为由功率模块构成的逆变电路的基本结构。

 3. 由功率晶体管构成的逆变电路

在一些变频电路中，当采用上述功率模块或智能变频功率模块，不能满足电路中的负载功率或大电流要求时，多采用单独的功率晶体管构成超大功率驱动电路，每个半导体管使用单独的散热片散热。

由功率晶体管构成的变频驱动电路是指多只独立的功率晶体管按照一定的组合方式构成功率驱动电路，这种电路称为逆变电路。

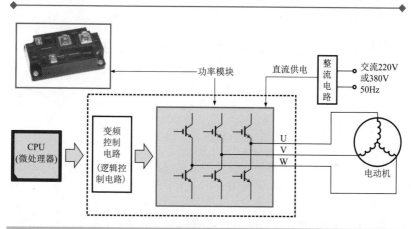

图 9-10　由功率模块构成的逆变电路的基本结构

图 9-11 所示为由 6 只门控管（IGBT）构成的逆变电路，工频电源经整流后变为直流电源为逆变电路供电，逆变电路在转速控制电路的控制下输出驱动电动机的变频电流。这种电路可选择大功率晶体管或门控管，如某功率晶体管损坏可单独更换。

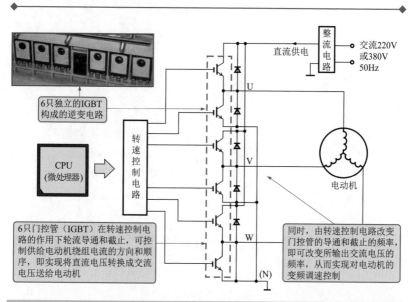

图 9-11　由 6 只 IGBT 构成的逆变电路

9.2　电冰箱变频电路的检修训练

9.2.1　电冰箱变频电路的结构原理

1. 电冰箱变频电路的结构

变频电路是变频电冰箱中特有的电路模块，其主要的功能就是为电冰箱的变频压缩机提供驱动电流，用来调节压缩机的转速，实现电冰箱制冷的自动控制和高效节能。

图9-12所示为典型变频电冰箱中的变频电路，该变频电冰箱的变

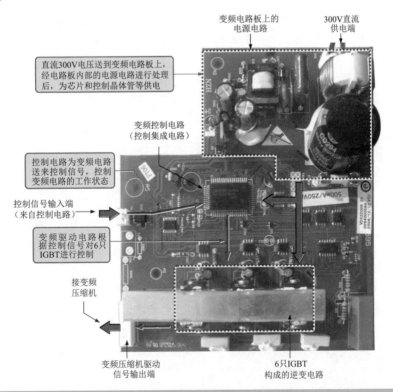

变频电路板上的
电源电路

300V直流
供电端

直流300V电压送到变频电路板上，
经电路板内部的电源电路进行处理
后，为芯片和控制晶体管等供电

变频控制电路
（控制集成电路）

控制电路为变频电路
送来控制信号，控制
变频电路的工作状态

控制信号输入端
（来自控制电路）

变频驱动电路根
据控制信号对6只
IGBT进行控制

接变频
压缩机

变频压缩机驱动
信号输出端

6只IGBT
构成的逆变电路

图9-12　典型变频电冰箱的变频电路

频电路主要是由 6 只 IGBT 构成的逆变电路（功率输出电路）、变频驱动电路以及电源电路等组成的。电路由 300V 直流电压进行供电，由变频电路产生驱动控制信号，经逆变器为变频压缩机提供变频电流。

 2. 电冰箱变频电路的原理

图 9-13 所示为典型变频电冰箱的整机电路。可以看到，该变频电冰箱整机电路主要由操作显示电路板、控制电路板、变频电路板、传感器、加热器、风扇电动机、电磁阀、门开关、照明灯、变频压缩机等部分构成。

电冰箱通电后，交流 220V 经控制电路板输出直流电压，为电冰箱的操作显示电路板、传感器等提供工作电压。

控制电路板控制变频电路板中的变频模块向变频压缩机提供变频驱动信号，使变频压缩机起动运转，进而达到电冰箱制冷的目的。

电冰箱工作后，显示屏显示电冰箱当前的工作状态，控制电路板对传感器送来的信号进行分析处理后，对变频压缩机进行变频控制。

9.2.2   电冰箱变频电路的检修

 1. 电冰箱变频电路的检修分析

变频电路出现故障经常会引起电冰箱出现不制冷、制冷效果差等故障，对该电路进行检修时，可依据变频电路的信号流程对可能产生故障的部位进行逐级排查。图 9-14 所示为典型电冰箱变频电路的检修流程。

 2. 电冰箱变频电路的检修案例

对变频电冰箱变频电路的检修，可按照前面的检修分析及检测流程进行逐步检测。

按图 9-15 所示，对怀疑故障的变频电路输出的压缩机驱动信号进行检测。

按图 9-16 所示，对变频电路的工作条件之一，即供电电压进行检测。

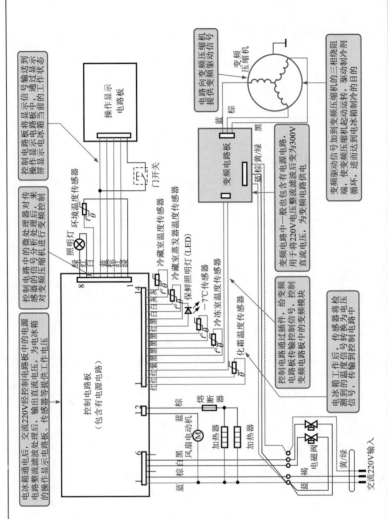

图 9-13　典型变频电冰箱整机电路

电冰箱通电后,交流220V经控制电路板中的电源电路整流滤波处理后,输出直流电压,为电冰箱的操作显示电路板、传感器等提供工作电压

控制电路中的微处理器对传感器输出信号进行分析处理后对变频压缩机进行变频控制

控制电路板显示信号信号输送到操作显示电路板,显示电冰箱当前的工作状态,屏幕显示电冰箱当前的工作状态

电路向变频压缩机提供驱动变频信号

变频电路中一般也包含有电源电路,用于将交流220V电压整流滤波后变为300V直流电压,为变频电路板供电

变频驱动信号加到变频压缩机的三相绕组端,使变频压缩机起动运转,驱动制冷剂循环,进而达到电冰箱制冷的目的

电冰箱工作后,传感器将检测到的温度转换为电压信号,传输到控制电路板中的变频电路中,控制变频电路板中的变频模块

控制电路通过插件,给变频电路板传输控制信号,控制变频电路板中的变频模块

操作显示电路板

门开关

环境温度传感器

照明灯

冷藏室蒸发器温度传感器

冷藏室温度传感器

冷藏室照明灯(LED)

保鲜照明灯

-7℃传感器

冷冻室温度传感器

化霜温度传感器

控制电路板(包含有电源电路)

风扇电动机

熔断器

加热器

加热器

电磁阀

交流220V输入

变频电路板

变频压缩机

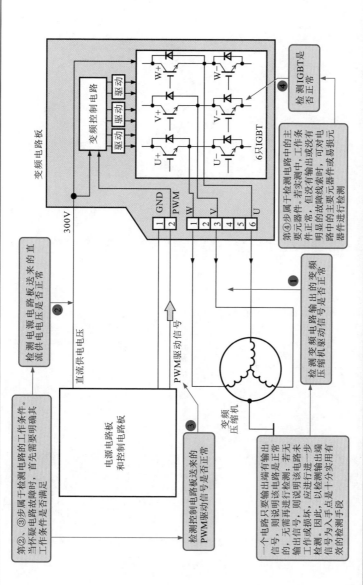

图 9-14　典型电冰箱变频电路的检修流程

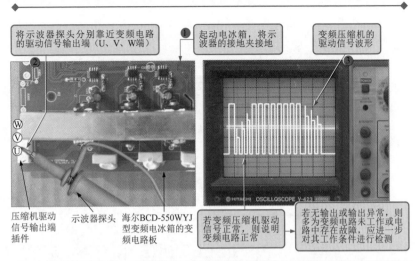

将示波器探头分别靠近变频电路的驱动信号输出端（U、V、W端）

① 起动电冰箱，将示波器的接地夹接地

变频压缩机的驱动信号波形

压缩机驱动信号输出端插件

示波器探头

海尔BCD-550WYJ型变频电冰箱的变频电路板

若变频压缩机驱动信号正常，则说明变频电路正常

若无输出或输出异常，则多为变频电路未工作或电路中存在故障，应进一步对其工作条件进行检测

图 9-15　变频电路输出的压缩机驱动信号的检测方法

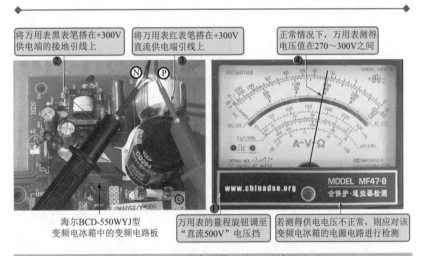

将万用表黑表笔搭在+300V供电端的接地引线上

将万用表红表笔搭在+300V直流供电端引线上

正常情况下，万用表测得电压值在270～300V之间

海尔BCD-550WYJ型变频电冰箱中的变频电路板

万用表的量程旋钮调至"直流500V"电压挡

若测得供电电压不正常，则应对该变频电冰箱的电源电路进行检测

图 9-16　变频电路直流供电电压的检测方法

　　按图 9-17 所示，对变频电路的另一个工作条件，即控制电路送来的 PWM 驱动信号进行检测。

　　按图 9-18 所示，对变频电路中的 IGBT 进行检测。

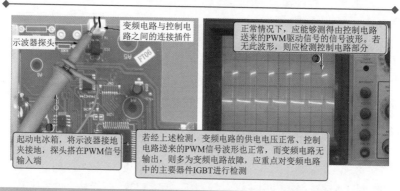

示波器探头

变频电路与控制电路之间的连接插件

正常情况下，应能够测得由控制电路送来的PWM驱动信号的信号波形。若无此波形，则应检测控制电路部分

起动电冰箱，将示波器接地夹接地，探头搭在PWM信号输入端

若经上述检测，变频电路的供电电压正常、控制电路送来的PWM信号波形也正常，而变频电路无输出，则多为变频电路故障，应重点对变频电路中的主要器件IGBT进行检测

图 9-17　变频电路输入端 PWM 驱动信号的检测方法

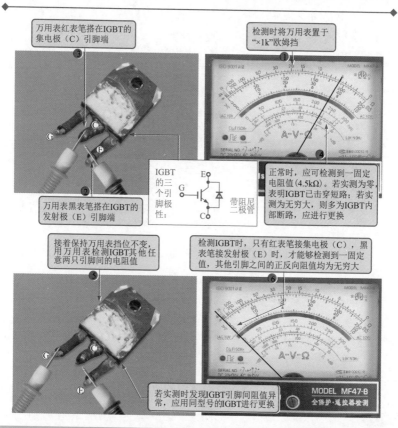

万用表红表笔搭在IGBT的集电极（C）引脚端

检测时将万用表置于"×1k"欧姆挡

IGBT的三个引脚极性：
带阻尼二极管

正常时，应可检测到一固定电阻值（4.5kΩ）。若实测为零，表明IGBT已击穿短路；若实测为无穷大，则多为IGBT内部断路，应进行更换

万用表黑表笔搭在IGBT的发射极（E）引脚端

接着保持万用表挡位不变，用万用表检测IGBT其他任意两只引脚间的电阻值

检测IGBT时，只有红表笔接集电极（C），黑表笔接发射极（E）时，才能够检测到一固定值，其他引脚之间的正反向阻值均为无穷大

若实测时发现IGBT引脚间阻值异常，应用同型号的IGBT进行更换

MODEL MF47-8
全保护·遥控器检测

图 9-18　变频电路中的 IGBT 的检测方法

9.3　空调器变频电路的检修训练

9.3.1　空调器变频电路的结构原理

1. 空调器变频电路的结构

变频空调器中变频电路主要的功能就是在控制电路的控制下为变频压缩机提供驱动信号，用来调节压缩机的转速，实现变频空调器制冷剂的循环，完成热交换的功能。

变频电路安装在室外机中，通过接线插件与变频压缩机相连，一般安装在变频压缩机的上面，由固定支架固定。图9-19所示为典型变频空调器变频电路的实物外形。

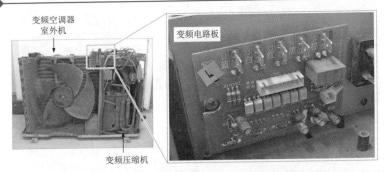

变频空调器室外机

变频电路板

变频压缩机

图9-19　典型变频空调器变频电路的实物外形

将变频电路从室外机中取下，即可看到在变频电路的背部安装有一个很大的集成电路模块，通常称其为智能功率模块，内部包含变频控制电路，驱动电流、过电压过电流检测电路，以及功率输出电路（逆变器），是变频电路中的核心部件，如图9-20所示。变频电路主要是由智能功率模块、光电耦合器、连接插件或接口等组成的。

2. 空调器变频电路的原理

图9-21所示为海信KFR-35GW型空调器的变频电路，可以看到该电路主要是由功率模块STK621-601、光电耦合

扫一扫看视频

器 G1~G7、插件 CN01~CN03、CN06、CN07 等部分构成。

图 9-20　变频电路的结构组成

电源供电电路为压缩机驱动模块提供直流工作电压后，由室外机控制电路中的微处理器输出控制信号，经光电耦合器后，送到智能功率模块 STK621-601 中，经 STK621-601 内部电路的放大和变换，为压缩机提供变频驱动信号，驱动压缩机工作。

9.3.2　空调器变频电路的检修

 1. 空调器变频电路的检修分析

变频电路出现故障经常会引起空调器出现不制冷/制热、制冷或制热效果差、室内机出现故障代码、压缩机不工作等现象，对该电路进行检修时，可依据变频电路的信号流程对可能产生故障的部位进行逐级排查，如图 9-22 所示。

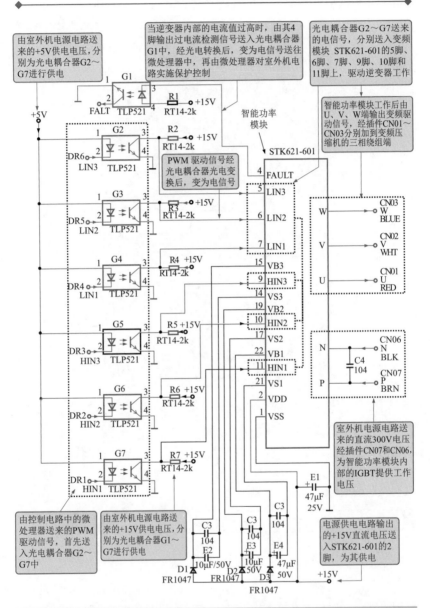

图 9-21　海信 KFR-35GW 型空调器的变频电路

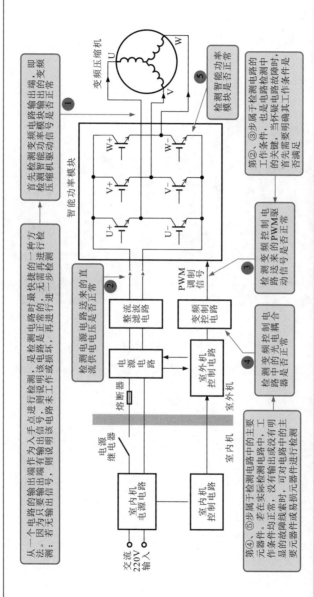

图9-22　变频空调器变频电路的检修分析和检测流程

2. 空调器变频电路的检修案例

对变频空调器变频电路的检修，可按照前面的检修分析及检测流程进行逐步检测。

按图9-23所示，对怀疑故障的变频电路输出的压缩机驱动信号进行检测。

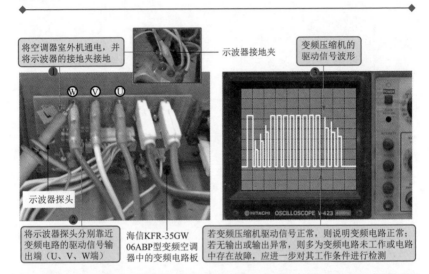

图9-23　变频电路输出的压缩机驱动信号的检测方法

按图9-24所示，对变频电路的工作条件之一，即供电电压进行检测。

按图9-25所示，对变频电路的另一个工作条件，即控制电路送来的PWM驱动信号进行检测。

若经检测，变频电路的供电电压正常，控制电路送来的PWM信号波形也正常，而变频电路无输出，则多为变频电路故障，应重点对光电耦合器和逆变器（功率模块）进行检测。

按图9-26所示，对变频电路中的智能功率模块进行检测。

根据变频模块内部结构的特性，判断模块好坏，多用万用表的二极管检测挡进行检测，正常情况下，"P"（"+"）端与U、V、W端，或"N"（"+"）与U、V、W端，或"P"与"N"端之间具有正向导通、反向截止的二极管特性，否则变频模块损坏。

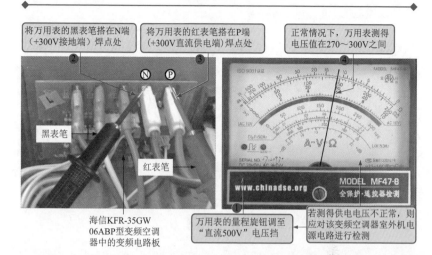

将万用表的黑表笔搭在N端（+300V接地端）焊点处

将万用表的红表笔搭在P端（+300V直流供电端）焊点处

正常情况下，万用表测得电压值在270～300V之间

黑表笔

红表笔

海信KFR-35GW 06ABP型变频空调器中的变频电路板

万用表的量程旋钮调至"直流500V"电压挡

若测得供电电压不正常，则应对该变频空调器室外机电源电路进行检测

图 9-24 变频电路直流供电电压的检测方法

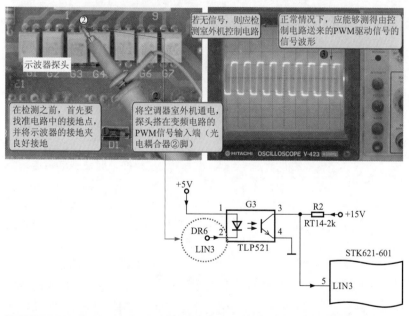

若无信号，则应检测室外机控制电路

正常情况下，应能够测得由控制电路送来的PWM驱动信号的信号波形

示波器探头

在检测之前，首先要找准电路中的接地点，并将示波器的接地夹良好接地

将空调器室外机通电，探头搭在变频电路的PWM信号输入端（光电耦合器②脚）

图 9-25 变频电路输入端 PWM 驱动信号的检测方法

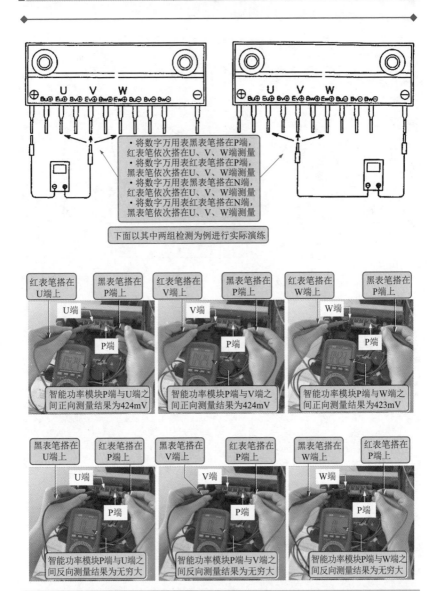

图 9-26　智能功率模块的检测方法

另外，也可用万用表的交流电压挡，检测变频模块输出端驱动压缩机的电压，正常情况下，任意两相间的电压应在 0 ~ 160V 之间并且相等，否则变频模块损坏。

相关资料

　　除上述方法外，还可通过检测智能功率模块的对地阻值，来判断智能功率模块是否损坏，即将万用表黑表笔接地，红表笔依次检测智能功率模块 STK621-601 的各引脚，即检测引脚的正向对地阻值；接着对调表笔，红表笔接地，黑表笔依次检测智能功率模块 STK621-601 的各引脚，即检测引脚的反向对地阻值。

　　正常情况下智能功率模块各引脚的对地阻值见表 9-1 所列，若测得智能功率模块的对地阻值与正常情况下测得阻值相差过大，则说明智能功率模块已经损坏。

表 9-1　智能功率模块各引脚对地阻值

引脚号	正向阻值/kΩ	反向阻值/kΩ	引脚号	正向阻值/kΩ	反向阻值/kΩ
1	0	0	15	11.5	∞
2	6.5	25	16	空脚	空脚
3	6	6.5	17	4.5	∞
4	9.5	65	18	空脚	空脚
5	10	28	19	11	∞
6	10	28	20	空脚	空脚
7	10	28	21	4.5	∞
8	空脚	空脚	22	11	∞
9	10	28	P 端	12.5	∞
10	10	28	N 端	0	0
11	10	28	U 端	4.5	∞
12	空脚	空脚	V 端	4.5	∞
13	空脚	空脚	W 端	4.5	∞
14	4.5	∞			

第 10 章

电冰柜检修训练

10.1 电冰柜的拆卸

10.1.1 卧式电冰柜的拆卸

电冰柜的结构相对简单，拆卸方法与电冰箱类似。图 10-1 为卧式电冰柜的拆卸。

10.1.2 立式电冰柜的拆卸

立式电冰柜的拆卸过程也比较简单，可分为门体拆卸、蒸发风机拆卸、温控器拆卸和冷凝器拆卸。

 1. 门体的拆卸

如图 10-2 所示，使用十字槽螺丝刀将门体上方的固定螺钉按逆时针拧下后，将门体向上抬起，即可取下门体。

 2. 蒸发风机的拆卸

使用螺丝刀将固定蒸发风机挡板的固定螺钉取下，然后拔下蒸发风机的连接插件，即可完成蒸发风机的拆卸。具体拆卸如图 10-3 所示。

 3. 温控器的拆卸

使用十字槽螺丝刀将固定风机挡板的固定螺钉取下，然后拔下温控器连接端子的连接插头，最后将温控器的固定螺母取下，完成温控器的拆卸。具体操作如图 10-4 所示。

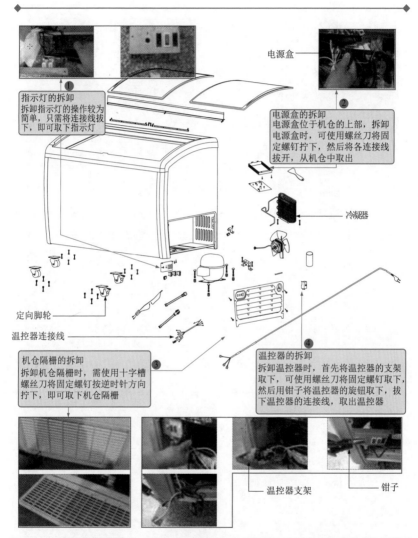

电源盒

电源盒的拆卸
电源盒位于机仓的上部，拆卸电源盒时，可使用螺丝刀将固定螺钉拧下，然后将各连接线拔开，从机仓中取出

冷凝器

指示灯的拆卸
拆卸指示灯的操作较为简单，只需将连接线拔下，即可取下指示灯

温控器的拆卸
拆卸温控器时，首先将温控器的支架取下，可使用螺丝刀将固定螺钉取下，然后用钳子将温控器的旋钮取下，拔下温控器的连接线，取出温控器

定向脚轮

温控器连接线

机仓隔栅的拆卸
拆卸机仓隔栅时，需使用十字槽螺丝刀将固定螺钉按逆时针方向拧下，即可取下机仓隔栅

温控器支架

钳子

图 10-1　卧式电冰柜的拆卸

门体固定螺钉

用十字槽螺丝刀将
门体固定螺钉卸下

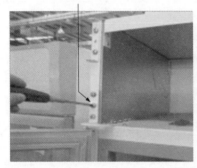

图 10-2　门体的拆卸

蒸发风机

蒸发风机
固定螺钉

图 10-3　蒸发风机的拆卸

拆卸风机挡板
的固定螺钉

拔下温控器连接
端子的连接插头

温控器调节旋钮

温控器

图 10-4　温控器的拆卸

4. 冷凝器的拆卸

拆卸机仓冷凝器时，首先将机仓隔栅取下，然后使用专用工具将冷凝风机及冷凝器的固定螺钉取下，完成冷凝器的拆卸。具体操作如图10-5所示。

图10-5　冷凝器的拆卸

10.2　电冰柜的故障检修

10.2.1　电冰柜起动继电器的检修案例

对于起动继电器，可使用万用表对其接通和断开状态下的电压进行检测，以此来判断起动继电器是否损坏。

将万用表调至交流250V电压挡，黑表笔搭在接地端，红表笔搭在起动继电器开关触点上，在起动继电器正常接通状态下，应检测到AC 220V电压，如图10-6所示。

万用表量程不变，黑表笔搭在接地端，红表笔搭在起动继电器开关触点上，在起动继电器断开状态下，检测到的电压应为0，如图10-7所示。若所测得的电压值异常，说明起动继电器已损坏，需对其进行更换。

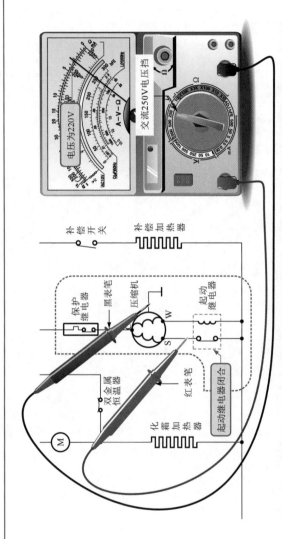

图 10-6　检测起动继电器接通状态下的电压

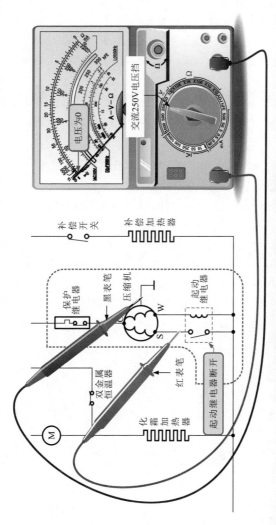

图 10-7　检测起动继电器断开状态下的电压

要点说明

目前，许多电冰柜都采用 PTC 起动继电器作为压缩机的起动元件，PTC 起动继电器无触点，它根据内部的热敏电阻随温度变化阻值也变化的特点，来控制通过的电流大小。该元件在不同温度下，其阻值也不相同，通常在常温状态下，其阻值为 $15\sim40\Omega$。该元件常与热保护继电器配合使用。

10.2.2 电冰柜保护继电器的检修案例

对于保护继电器，可使用万用表对其常温状态下的阻值进行检测，以此来判断保护继电器是否损坏。

先将保护继电器从电路中拆下来，万用表调至"×1"欧姆挡，红、黑表笔任意搭在保护继电器的两触点上，在常温状态下，可测得阻值为 1Ω 左右，如图 10-8 所示。若所测的阻值偏大，或为无穷大，说明保护继电器已损坏，需对其进行更换。

10.2.3 电冰柜压缩机的检修案例

对于压缩机，在确定压缩机无卡缸、抱轴等机械故障后，断开电源，取下端子引线，使用万用表对其电动机绕组的阻值进行检测，以此来判断压缩机是否损坏。

将万用表调至"×1"欧姆挡，红、黑表笔任意搭在压缩机电动机的三个接线柱上，检测起动端与运行端、运行端与公共端和起动端与端之间的阻值，如图 10-9 所示。正常情况下，起动端与运行端之间的阻值等于起动端与公共端之间的阻值加上运行端与公共端之间的阻值。

10.2.4 电冰柜温度控制器的检修案例

对于温度控制器，可使用万用表对其旋钮在不同位置处的阻值进行检测，以此来判断温度控制器是否损坏。

将万用表调至"×1"欧姆挡，红、黑表笔任意搭在温度控制器的接线柱上，转动旋钮，检测其阻值是否正常，如图 10-10 所示。将温控器旋钮调至温度最大位置，即停机挡，正常情况下，阻值应为无穷大。

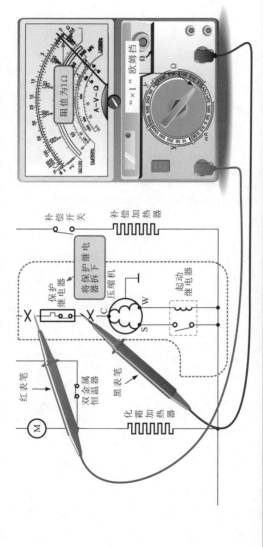

图10-8　检测保护继电器常温状态下的阻值

191

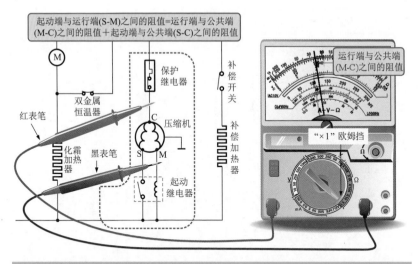

图 10-9　检测压缩机电动机绕组阻值

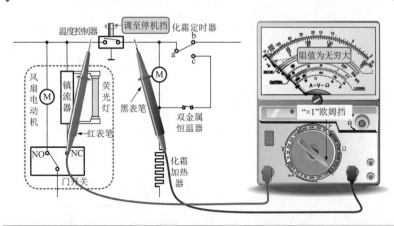

图 10-10　检测温度控制器停机挡阻值

　　红、黑表笔仍然搭在温度控制器的接线柱上，转动旋钮，检测其阻值是否正常，如图 10-11 所示。将温度控制器旋钮转到其他位置（除停机挡外），所测得的阻值都应为 0.1Ω。若测得阻值与正常值偏差较大，说明温度控制器已损坏，需使用同型号的温度控制器进行代换。

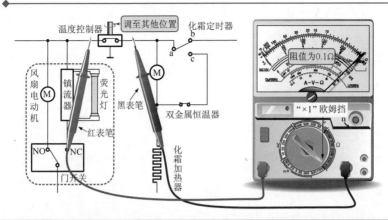

图 10-11　检测温度控制器旋钮转到其他位置的阻值

10.2.5　电冰柜照明装置的检修案例

对于照明装置，可使用万用表对门开关、照明装置的供电等进行检测，再通过代换法即可判断出照明装置是否损坏。

断开电源，将万用表调至"×1"欧姆挡，红、黑表笔任意搭在门开关照明装置一侧的触点上，检测其阻值是否正常，如图 10-12 所示，将柜门打开，即开关照明装置一侧的触点闭合，测得的阻值几乎为 0Ω。若测得阻值为无穷大，说明门开关已损坏。

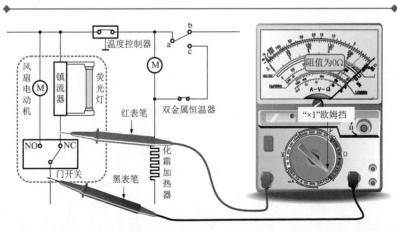

图 10-12　检测门开关阻值

确认门开关正常后，将万用表调至交流 250V 电压挡，红、黑表笔搭在镇流器的供电端上，如图 10-13 所示，正常情况下，应能够检测到交流 220V 电压。若没有检测到电压，说明门开关与镇流器之间的线路损坏。

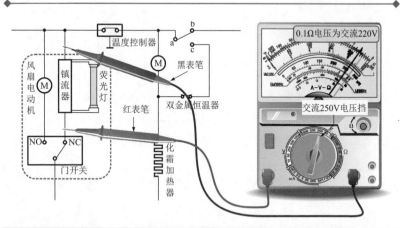

图 10-13　检测镇流器供电

供电正常，但荧光灯不发光，说明镇流器、辉光启动器或荧光灯可能损坏，将辉光启动器和荧光灯拆下后，分别放到正常的照明装置中进行检查，若辉光启动器和荧光灯正常，说明镇流器损坏，需进行更换。

第 11 章
电冰箱检修训练

11.1 电冰箱的拆卸

11.1.1 电冰箱主要电器部件的拆卸

在电冰箱中，除电路板部分外，在电冰箱底部的挡板内还安装有起动电容、起动继电器、保护继电器等电器部件，这些电器部件大多位于压缩机旁，检修时需要将这些部件拆下。

对于电冰箱主要电器部件进行拆卸时，首先对挡板进行拆卸（见图11-1），之后再对主要电器部件（起动电容、起动继电器、保护继电器）进行拆卸。

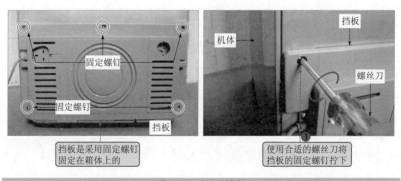

图 11-1 取下挡板

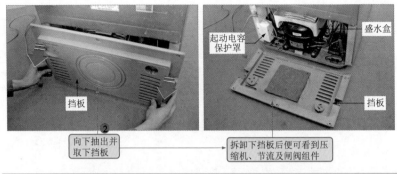

图 11-1　取下挡板（续）

取下电冰箱挡板后，即可看到内部的各主要电器部件。一般来说，只有当电冰箱检修过程中怀疑某个电器部件有故障时，才有必要将其进行拆卸，因此，这里仅以起动电容的拆卸为例简单介绍，其余电器部件的拆卸将在后面涉及检修环节的章节中具体介绍。起动电容的具体拆卸步骤如图 11-2 所示。

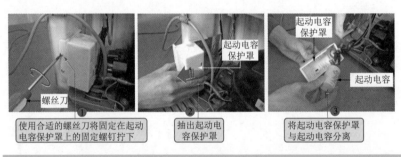

图 11-2　取下起动电容

如图 11-3 所示，拆下下来的电冰箱各主要电器部件要妥善保管。最好选择干净、平整的平台存放。尤其注意不要在电路板上放置杂物，要确保放置平台的干燥。

11.1.2　电冰箱操作显示电路板的拆卸

操作显示电路板通常采用卡扣固定的方式安装在电冰箱的前面，在操作显示电路板的外面装有操控面板。用户通过按动操控面板上的键钮即可触动操作显示电路板上的按键，进而实现对电冰箱的工作状态或工作模式的设定。

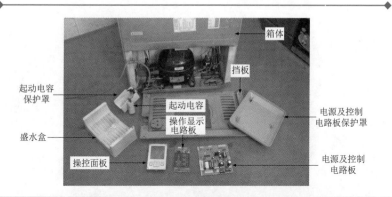

图 11-3　拆卸完成的电冰箱各主要电器部件

　　拆卸操作显示电路板，首先要明确其固定位置和方式，然后使用合适的拆卸工具将其取下。取出操作显示电路板的具体操作如图 11-4 所示。

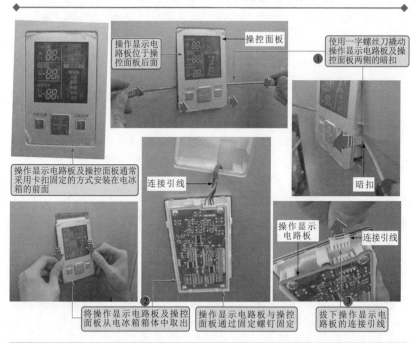

图 11-4　取出操作显示电路板及操控面板

操作显示电路板与操控面板分离操作如图 11-5 所示。

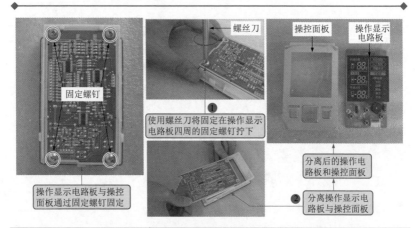

图 11-5　操作显示电路板与操控面板分离操作

11.1.3　电冰箱电源及控制电路板的拆卸

电源及控制电路板通常安装在电冰箱后面的保护罩内，并通过卡扣固定在箱体上。电源及控制电路板主要用来为电冰箱各单元电路或电器部件提供工作电压，同时接收人工指令信号，以及传感器送来的温度检测信号，并根据人工指令信号、温度检测信号以及内部程序，输出控制信号，对电冰箱进行控制。

对电冰箱电源及控制电路板进行拆卸时，应首先将电源及控制电路板上的保护罩取下（见图 11-6），接着将电源及控制电路板上的连接插件拔下，最后将电源及控制电路板从电冰箱电路板支架上取出。

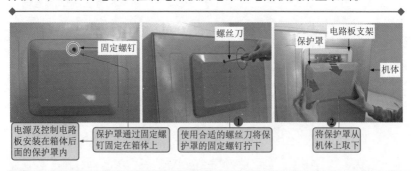

图 11-6　取下保护罩

电源及控制电路板上的保护罩取下后，接下来分别将电源及控制电路板上的连接插件拔下，如图11-7所示。

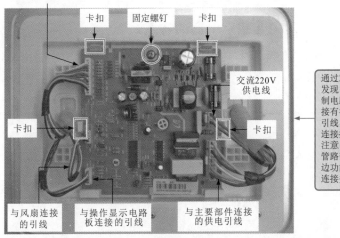

与温度传感器和
门开关连接的引线

卡扣　　固定螺钉　　卡扣

交流220V
供电线

卡扣　　　　　　　　　　　卡扣

通过观察不难发现电源及控制电路板上插接有很多连接引线，在拔下连接插件时应注意电路板与管路部分及周边功能部件的连接关系

与风扇连接
的引线　　与操作显示电路
板连接的引线　　与主要部件连接
的供电引线

图 11-7　拔下电源及控制电路板上的连接插件

拔下电源及控制电路板与其他部件的连接插件后，将电源及控制电路板从电冰箱箱体上取下，如图11-8所示。

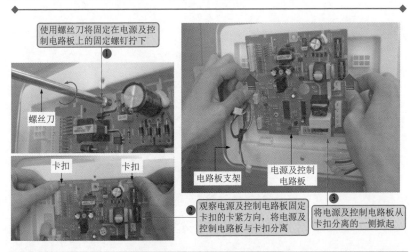

使用螺丝刀将固定在电源及控
制电路板上的固定螺钉拧下❶

螺丝刀

卡扣　　卡扣

电路板支架　　电源及控制
电路板

观察电源及控制电路板固定
卡扣的卡紧方向，将电源及
控制电路板与卡扣分离❷

将电源及控制电路板从
卡扣分离的一侧掀起❸

图 11-8　取下电源及控制电路板

11.2　电冰箱化霜定时器的故障检修

11.2.1　电冰箱化霜定时器的特点

化霜定时器是变频电冰箱进行化霜工作的主要部件，它主要用来对变频电冰箱冷冻室的化霜工作进行控制，图 11-9 所示为化霜定时器的实物外形。

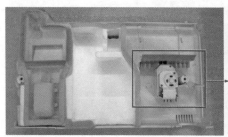

化霜定时器

化霜定时器可对冷冻室的化霜工作进行控制

图 11-9　化霜定时器的实物外形

图 11-10 所示为化霜定时器的内部结构。从图中可看到化霜定时器的定时旋钮、接线端引脚、触点、齿轮组、定时电动机等部分。

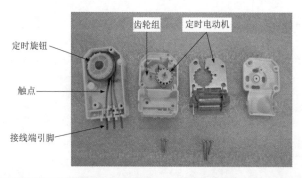

齿轮组　　定时电动机

定时旋钮

触点

接线端引脚

图 11-10　化霜定时器的内部结构

图 11-11 所示为化霜定时器的结构和功能。设定好化霜时间后，化

霜定时器内的定时电动机自动旋转，每隔一段时间便会自动接通化霜加热器的供电，对变频电冰箱进行化霜。

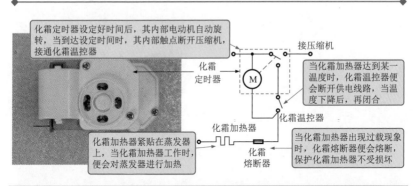

图 11-11　化霜定时器的结构和功能

11.2.2　空调器化霜定时器的检测代换

对于化霜定时器的检测，可使用万用表测量化霜定时器接线端引脚间的阻值，然后将万用表测量的实测值与正常值进行比较，即可完成对化霜定时器的检测。

在对化霜定时器进行检测前，将化霜定时器旋钮调至化霜位置，使供电端和加热端的内部触点接通。按图 11-12 所示，对当前待测化霜定时器的旋钮以及万用表的挡位进行调整。

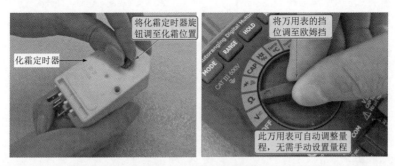

图 11-12　对化霜定时器旋钮及万用表挡位进行调整

按图 11-13 所示，对待测化霜定时器的供电端与压缩机端之间的阻值进行检测。

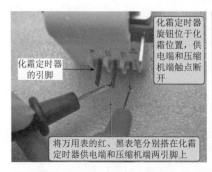
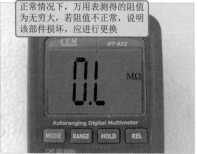

化霜定时器旋钮位于化霜位置，供电端和压缩机端触点断开

化霜定时器的引脚

将万用表的红、黑表笔分别搭在化霜定时器供电端和压缩机端两引脚上

正常情况下，万用表测得的阻值为无穷大，若阻值不正常，说明该部件损坏，应进行更换

图 11-13   化霜定时器供电端与压缩机端之间阻值的检测方法

按图 11-14 所示，对待测化霜定时器的供电端与加热端之间的阻值进行检测。

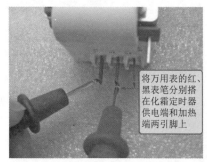

将万用表的红、黑表笔分别搭在化霜定时器供电端和加热端两引脚上

正常情况下，万用表测得的阻值为零。若阻值不正常，说明该部件损坏，应进行更换

图 11-14   化霜定时器供电端与加热端之间阻值的检测方法

若化霜定时器损坏，变频电冰箱便不能正常进行化霜操作。这时，就需要根据损坏的化霜定时器的型号、体积大小等选择合适的化霜定时器进行更换。

按图 11-15 所示，对化霜定时器的护盖进行拆卸。

断开化霜定时器的连接引线后对化霜定时器进行拆卸。具体操作如图 11-16 所示。

如图 11-17 所示，损坏的化霜定时器拆卸后，可选用同型号规格的化霜定时器进行更换。

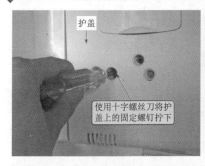
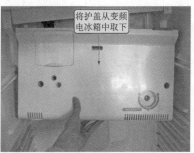

护盖

将护盖从变频电冰箱中取下

使用十字螺丝刀将护盖上的固定螺钉拧下

图 11-15　化霜定时器的护盖的拆卸方法

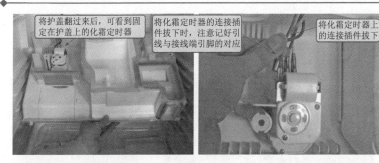

将护盖翻过来后，可看到固定在护盖上的化霜定时器

将化霜定时器的连接插件拔下时，注意记好引线与接线端引脚的对应

将化霜定时器上的连接插件拔下

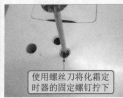

将连接插件全部拔下后，即可将护盖与变频电冰箱分离

使用螺丝刀将化霜定时器的固定螺钉拧下

取下化霜定时器

图 11-16　化霜定时器的拆卸方法

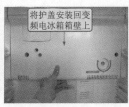
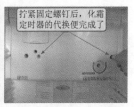

将连接插件与新的化霜定时器连接好

型号、体积大小等相同的化霜定时器

将护盖安装回变频电冰箱箱壁上

拧紧固定螺钉后，化霜定时器的代换便完成了

图 11-17　化霜定时器的代换方法

11.3　电冰箱温度传感器的故障检修

11.3.1　电冰箱温度传感器的特点

温度传感器（热敏电阻）主要用于对周围环境温度进行检测。电冰箱中的温度传感器主要设在电冰箱的箱体内，以便对箱室温度、环境温度等进行检测。空调器中的温度传感器多安装在室内机蒸发器的相应位置，以检测周围温度和管路温度。图 11-18 所示为变频电冰箱温度传感器的实物外形。

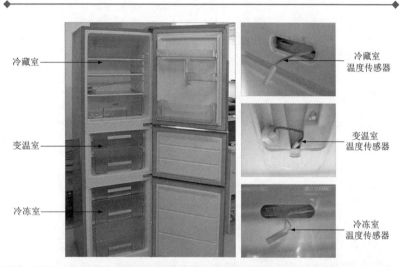

图 11-18　变频电冰箱温度传感器的实物外形

要点说明

温度传感器所使用的热敏电阻，可分为正温度系数热敏电阻和负温度系数热敏电阻。其中正温度系数热敏电阻的温度升高时，其阻值也会升高，温度降低时，其阻值也会降低；而负温度系数热敏电阻正好相反，当其温度升高时，阻值便会降低，当温度降低时，阻值便会升高。

11.3.2　电冰箱温度传感器的检测代换

对于温度传感器的检测，可使用万用表测量温度传感器在不同温度下的阻值，然后将万用表测量的实测值与正常值进行比较，即可完成对温度传感器的检测。按图 11-19 所示，对放在冷水中的温度传感器阻值进行检测。

将温度传感器放入冷水中

红、黑表笔搭在该温度传感器插件的对应两引脚上

阻值为11kΩ

正常情况下，万用表测得的阻值应比常温状态下大，若阻值无变化或变化量很小，说明该温度传感器可能已损坏

图 11-19　冷水中的温度传感器阻值的检测方法

接下来，改变温度传感器的环境温度。如图 11-20 所示，将待测温度传感器放置于热水中，继续检测温度传感器的阻值。正常情况下，温度传感器的测量阻值会发生变化。

将温度传感器放入热水中

红、黑表笔搭在该温度传感器插件的对应两引脚

阻值为2kΩ

正常情况下，万用表测得的阻值应比常温状态下小，若阻值无变化或变化量很小，说明该温度传感器可能已损坏

图 11-20　热水中的温度传感器阻值的检测方法

若温度传感器损坏，变频电冰箱的制冷将会出现异常，此时就需要根据损坏温度传感器的规格选择合适的部件进行更换。按图 11-21 所示，

对损坏的温度传感器进行拆卸。

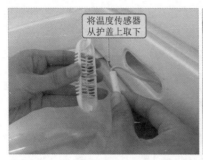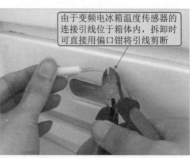

将温度传感器从护盖上取下

由于变频电冰箱温度传感器的连接引线位于箱体内,拆卸时可直接用偏口钳将引线剪断

图 11-21　温度传感器的拆卸方法

　　将损坏的温度传感器拆卸后,选择同规格型号的温度传感器重新安装连接。如图 11-22 所示,将新更换的温度传感器的引线与电冰箱引线重新接好,并使用绝缘胶布做好防护后,重新恢复原貌即可。

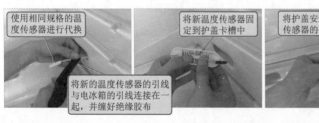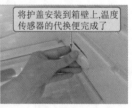

使用相同规格的温度传感器进行代换

将新温度传感器固定到护盖卡槽中

将护盖安装到箱壁上,温度传感器的代换便完成了

将新的温度传感器的引线与电冰箱的引线连接在一起,并缠好绝缘胶布

图 11-22　温度传感器的代换方法

11.4　电冰箱门开关的故障检修

11.4.1　电冰箱门开关的特点

　　门开关是电冰箱、电冰柜中的一种控制部件,它安装在冷藏室箱壁上,用来检测箱门的打开/关闭。图 11-23 所示为变频电冰箱门开关的实物外形及功能。当打开冷藏室箱门时,门开关按压部分弹起,内部触点

闭合，照明灯点亮；当关闭冷藏室箱门时，门开关按压部分受力压紧，照明灯熄灭。

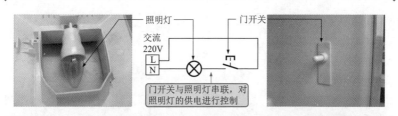

图 11-23　变频电冰箱门开关的实物外形及功能

11.4.2　电冰箱门开关的检测代换

对于门开关的检测，可使用万用表测量门开关两种状态下的阻值，然后将万用表测量的实测值与正常值进行比较，即可完成对门开关的检测。如图 11-24 所示，对未按压状态下的门开关阻值进行检测。

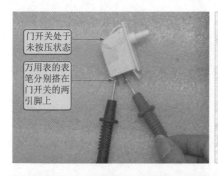

图 11-24　未按压状态下的门开关阻值的检测方法

保持万用表检测位置不变，按图 11-25 所示，用手按压门开关，正常情况下，门开关的阻值应为无穷大。若阻值不变（很小），则说明门开关故障，需要更换。

若门开关损坏，电冰箱（或电冰柜）的照明灯、制冷等会出现异常，此时需要选用相同大小、规格的部件进行更换。按图 11-26 所示，对损坏的门开关进行拆卸。

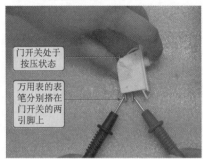
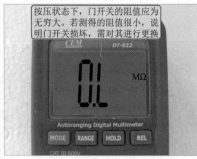

门开关处于按压状态

万用表的表笔分别搭在门开关的两引脚上

按压状态下，门开关的阻值应为无穷大。若测得的阻值很小，说明门开关损坏，需对其进行更换

图 11-25　按压状态下的门开关阻值的检测方法

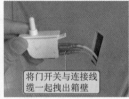
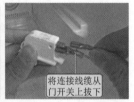

使用一字螺丝刀将门开关从箱壁上撬下

将门开关与连接线缆一起拽出箱壁

将连接线缆从门开关上拔下

图 11-26　门开关的拆卸方法

拆卸完毕，选用同规格型号的门开关重新进行安装连接，具体操作如图 11-27 所示。

将线缆插接到新的门开关的引脚上

将新的门开关安装回原位置

图 11-27　门开关的代换方法

11.5　电冰箱电路的故障检修

11.5.1　电冰箱电源电路的检修案例

电源电路是电冰箱中的关键电路。若该电路出现故障，经常会出现电冰箱开机不制冷、压缩机不工作、无显示等现象。

检修电源电路时，可首先在通电状态下检测电路中的电压参数，根据测量结果判断故障范围，再检测故障范围内相关元器件的性能。图11-28 为电冰箱电源电路的检修分析。

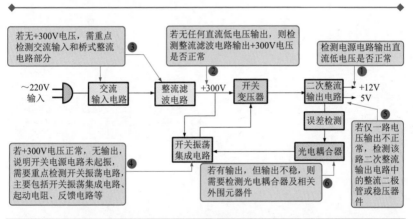

图 11-28　电冰箱电源电路的检修分析

根据电冰箱电源电路的检修分析和电路原理可知，当电冰箱电源电路出现故障时，可先检测电源电路输出的各路直流电压，如图 11-29 所示。

若检测电源电路没有任何低压直流电压输出，且熔断器未损坏（熔断器损坏后，电源电路无法通电，不能继续检测电源参数，需检测怀疑出现短路故障的部位），则检测整流滤波电路输出的 +300V 电压，如图 11-30 所示。

若检测电源电路输出的 +300V 电压正常，则说明交流输入和桥式整流电路正常。若检测不到 +300V 输出电压，则说明桥式整流电路或滤波电容等不良，需检测相关元器件性能。

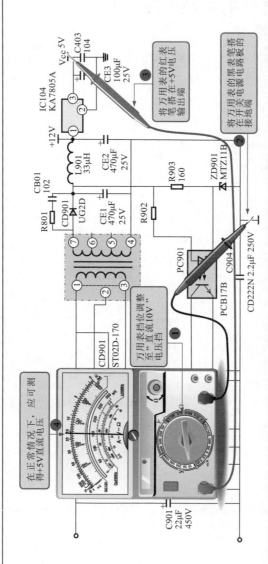

图11-29　电冰箱电源电路输出端直流电压的检测方法

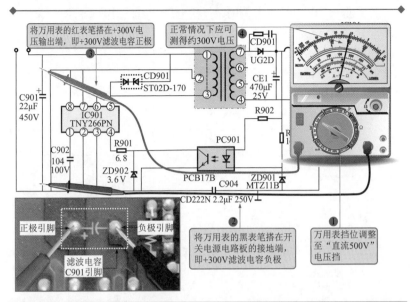

图 11-30　电冰箱电源电路+300V 电压的检测方法

若实测无+300V 电压，则需对整流电路中的桥式整流电路进行检测。检测桥式整流电路时，可以分别检测桥式整流电路整流二极管（D910、D911、D912、D913）的正、反向阻值是否正常，图 11-31 为检测整流二极管 D913 的方法。其他整流二极管的检测相同。

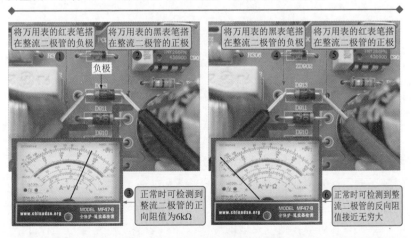

图 11-31　整流二极管的检测方法

　　若实测+300V电压正常，仍无任何电压输出，则需要检测开关振荡电路部分，重点检测开关振荡集成电路。

　　检测开关振荡集成电路时可分两个步骤进行：开关振荡集成电路正反馈电路中各元器件的检测和开关信号输出端电压的检测，如图 11-32 所示。若检测正反馈电路中的元器件均正常，而开关信号输出端电压不正常，则说明开关振荡集成电路损坏，需要对其进行更换。

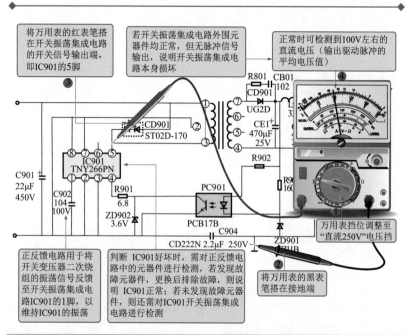

图 11-32　电冰箱电源电路开关振荡集成电路的检测方法

　　光电耦合器将开关电源输出电压的误差反馈到开关振荡集成电路上，当电冰箱电源电路输出电压不稳定时，应检测光电耦合器，检测操作如图 11-33 所示。

11.5.2　电冰箱控制电路的检修案例

　　控制电路是电冰箱中的关键电路，若该电路出现故障，经常会引起电冰箱不起动、不制冷、控制失灵、显示异常等现象。检修控制电路时，若能接通电源，则可先借助检测仪器仪表测量电路输入/输出信号和供电电压、时钟信号、复位信号等工作条件参数，再检测怀疑损坏部件的性能；若无法通电开机，则可直接针对主要的易损部件进行检测。图 11-34 为电冰箱控制电路的检修分析。

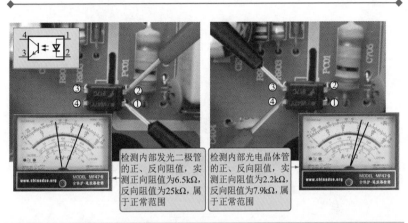

检测内部发光二极管的正、反向阻值，实测正向阻值为6.5kΩ，反向阻值为25kΩ，属于正常范围

检测内部光电晶体管的正、反向阻值，实测正向阻值为2.2kΩ，反向阻值为7.9kΩ，属于正常范围

图 11-33　光电耦合器的检测方法

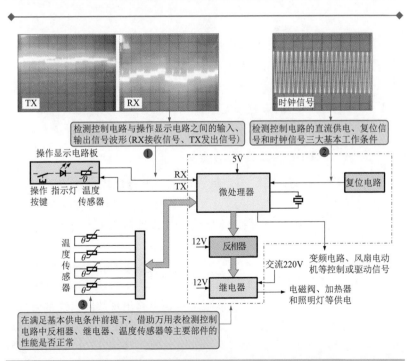

图 11-34　电冰箱控制电路的检修分析

结合控制电路的工作构成和检修分析，检修控制电路主要分为输入/输出信号的检测、电路工作条件的检测和电路主要元器件性能的检测三个方面。

1. 检测控制电路输入/输出信号

怀疑电冰箱控制电路出现故障时，应先检测操作显示电路与微处理器之间的数据信号（RX、TX）是否正常，检测操作如图 11-35 所示。

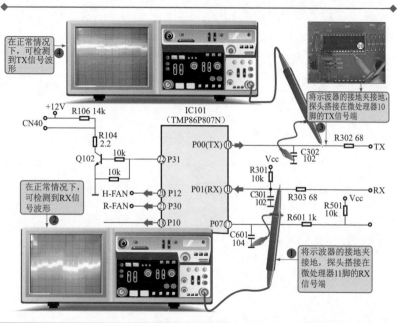

图 11-35　电冰箱控制电路输入/输出信号的检测

2. 检测控制电路的供电电压、复位信号和时钟信号三大基本工作条件

如图 11-36 所示，直流 5V 供电电压、复位信号和时钟信号是控制电路正常工作的三大基本工作条件，任何一个条件不满足，控制电路均不能工作。

若检测供电不正常，需要对电源电路及供电引脚外围元器件进行检测；若复位信号异常，需要对复位电路及外围元器件进行检测；若时钟信号不正常，需要对晶体振荡器进行检测。

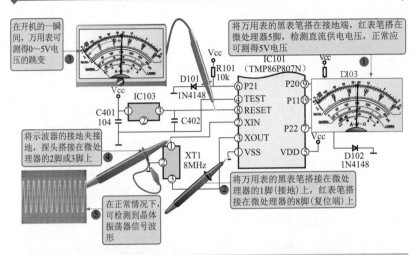

图 11-36　电冰箱控制电路供电电压、复位信号和时钟信号的检测

若供电电压、复位信号、时钟信号均正常，但控制功能仍无法实现，需要对相关控制部件的性能进行检测，如反相器、继电器等。

3. 检测反相器

反相器连接在微处理器控制信号输出端引脚上，是微处理器对各电器部件控制的中间环节，一般可通过检测各引脚对地阻值判断好坏，具体检测如图 11-37 所示。

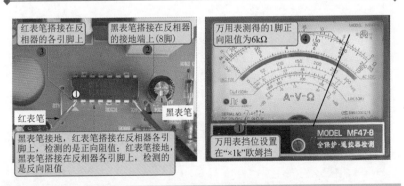

图 11-37　反相器性能的检测方法

在正常情况下，反相器 ULN2003 各引脚的对地阻值见表 11-1，将实

测结果与表中数据对照比较，若偏差较大或出现多组数值为零的情况，多为反相器内部损坏。

表 11-1　反相器 ULN2003 各引脚的对地阻值

引脚号	正向对地阻值/kΩ	反向对地阻值/kΩ	引脚号	正向对地阻值/kΩ	反向对地阻值/kΩ
1	6	8.5	9	4	28
2	6	8.5	10	6.7	140
3	6	8	11	6.7	140
4	6	8	12	5	28
5	6	8.5	13	4.5	28
6	6	8.5	14	5	28
7	6	8.5	15	7	130
8	0	0	16	7	130

 4. 检测继电器

继电器是控制电路中微处理器与被控部件之间的关键部件。继电器线圈得电时，其触点动作，即常开触点闭合，接通被控部件的供电回路，因此检测时，可在线圈得电的状态下检测触点所控回路的电压情况来判断好坏，如图 11-38 所示。

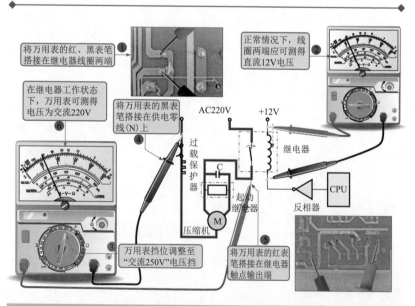

图 11-38　继电器的检测方法

11.5.3　电冰箱操作显示电路的检修案例

操作显示电路是智能电冰箱中的人机交互部分。若该电路出现故障，经常会引起电冰箱出现控制失灵、显示异常等故障现象。检修操作显示电路一般可直接检测电路中主要组成部件的性能。图 11-39 为电冰箱操作显示电路的检修分析。

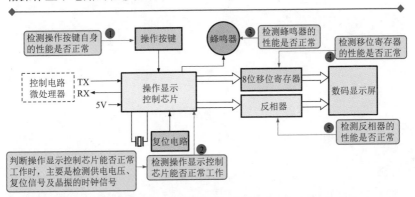

图 11-39　电冰箱操作显示电路的检修分析

检修操作显示电路主要是检测操作按键、操作显示控制芯片、数据接口电路等进行检测。

1. 操作按键的检测方法

操作按键是电冰箱操作显示电路的人工指令输入部件，一般可在初始和按下两种状态下检测其引脚间的阻值来判断好坏，如图 11-40 所示。

图 11-40　操作按键的检测方法

将万用表的红、黑表笔分别搭在不同组的两个引脚上 ⑤

按下操作按键使其处于接通状态 ④

在按压的情况下，万用表测得的阻值为零，属于正常状态 ⑥

图 11-40 操作按键的检测方法（续）

2. 操作显示控制芯片的检测方法

操作显示控制芯片是电冰箱控制电路的控制核心，可通过检测其供电电压、复位信号和时钟信号三大基本条件及输入和输出信号的方法判断芯片状态，如图 11-41 所示。若工作条件正常，输入正常，无输出，则多为芯片内部损坏。

扫一扫看视频

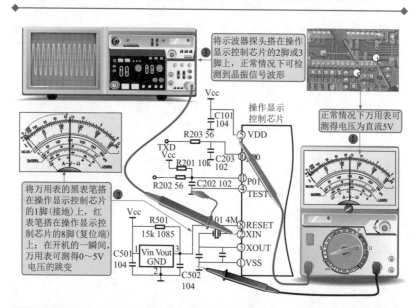

图 11-41 操作显示控制芯片的检测方法

3. 数据接口电路的检测方法

数据接口电路作为电冰箱操作显示电路的数据传输接口，在供电条件正常时，其输入、输出端应有相关的信号波形，否则说明数据接口电路损坏，具体检测操作如图 11-42 所示。

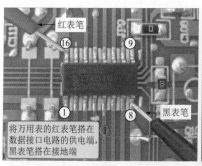

将万用表的红表笔搭在数据接口电路的供电端，黑表笔搭在接地端

在正常情况下，应可测得约5V直流供电电压，否则需要检测电源电路部分

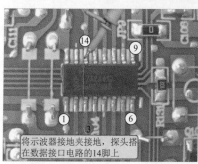

将示波器接地夹接地，探头搭在数据接口电路的14脚上

在正常情况下，示波器应能检测到串行数据输入的信号波形

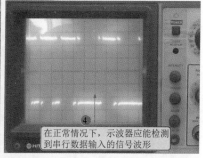

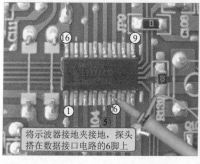

将示波器接地夹接地，探头搭在数据接口电路的6脚上

在正常情况下，示波器应能检测到串行数据输出的信号波形

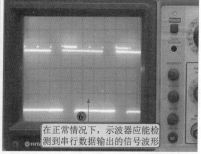

图 11-42　数据接口电路的检测方法

　　检测数据接口电路还可在断电状态下通过检测各引脚阻值的方法来判断。若实测结果出现多组数值为零或阻值与数据手册中正常数值偏差较大的情况，则多为损坏，需用同规格的数据接口电路代换。

第 12 章

空调器检修训练

12.1 空调器的拆卸

12.1.1 空调器室内机外壳的拆卸

室内机外壳通常采用暗扣、卡扣和螺钉的方式固定在室内机机体上。对于空调器室内机外壳的拆卸，首先将空气过滤网和清洁滤尘网取下，然后再将前盖板取下。

空气过滤网和清洁滤尘网的拆卸操作如图 12-1 所示。

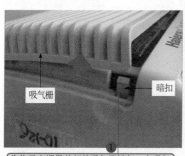

将位于空调器前部的吸气栅掀起。在吸气栅的两侧，分别有两个暗扣，稍微用力即可将卡扣打开，使吸气栅脱离

将吸气栅向上掀，即可看到空气过滤网和清洁滤尘网，向上轻提卡扣即可将空气过滤网、清洁滤尘网抽出

图 12-1 空气过滤网和清洁滤尘网的拆卸

取下空气过滤网和清洁滤尘网后，就可以拆卸前盖板了。室内机前盖板位室内机前面，并通过螺钉进行固定，拧下螺钉即可将其取下，如图 12-2 所示。

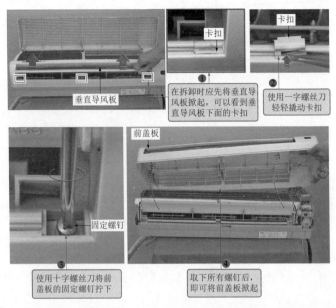

图 12-2　前盖板的拆卸

12.1.2　空调器室内机电路板的拆卸

取下前盖板后，可以看到室内机电路部分，室内机电路部分主要是由遥控接收电路板、指示灯电路板、控制电路板和电源电路板等构成，如图 12-3 所示。

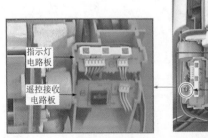
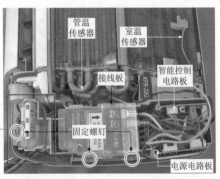

图 12-3　室内机电路部分

1. 室内机遥控接收电路板和指示灯电路板的拆卸

遥控接收电路板和指示灯电路板（遥控信号接收电路）位于室内机的右下侧，其体积较小。这两块电路板是连在一起的，取下时要注意，顺着指示灯电路板上的输入引线，即可找到控制电路板上的引线插头，指示灯电路板与控制电路板之间的连接引线被电路固定模块外侧的卡线槽固定在模块夹板的外侧。室内机遥控接收电路板和指示灯电路板的拆卸操作如图 12-4 所示。

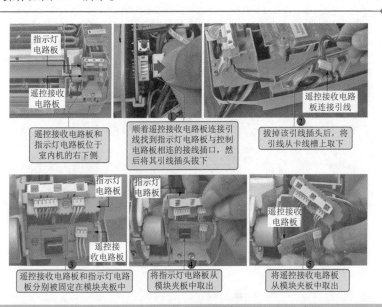

图 12-4　拆卸室内机遥控接收电路板和指示灯电路板

 2. 室内机电气连接装置的拆卸

空调器室内机中的电气连接装置是向室外机传送控制指令的部件。室内机电气连接装置的拆卸如图 12-5 所示。

12.1.3　空调器室内机温度传感器的拆卸

在空调器室内机中有两个温度传感器：一个是室温传感器，安装在蒸发器的翅片处，主要用于检测环境温度；另一个是管温传感器，安装在管道部分，用于检测制冷管路温度。室内机温度传感器的拆卸如图 12-6 所示。

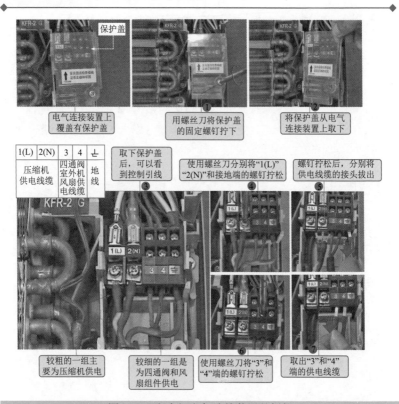

图 12-5 室内机电气连接装置的拆卸

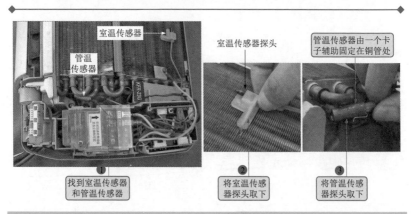

图 12-6 室内机温度传感器的拆卸

12.1.4　空调器电源电路板和控制电路板的拆卸

空调器室内机的电源电路板和控制电路板安装得十分紧凑，拆卸时需小心谨慎。电源电路板和控制电路板的拆卸如图 12-7 所示。

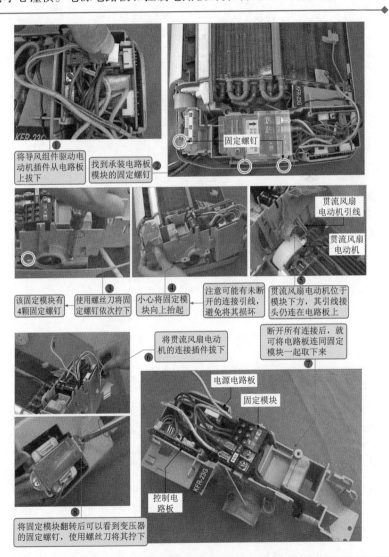

图 12-7　电源电路板和控制电路板的拆卸

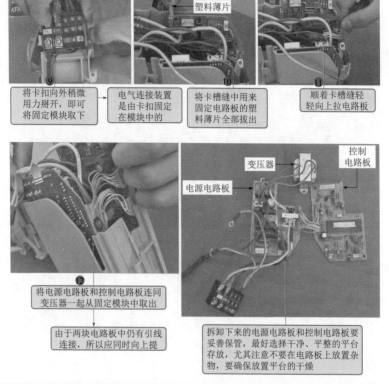

图 12-7　电源电路板和控制电路板的拆卸（续）

12.1.5　空调器室外机外壳的拆卸

　　在拆卸空调器室外机的外壳前，首先要对室外机的外壳进行仔细的观察，确定室外机上盖、前盖、后盖之间固定螺钉的位置和数量。因为一般情况下，空调器室外机的外壳都是通过固定螺钉固定的，如图 12-8 所示。对于空调器室外机外壳的拆卸，首先拆卸上盖，接着拆卸前盖，最后拆卸后盖。

　　拆卸上盖时，首先要明确其固定位置和方式，然后使用适当的拆卸工具将其取下，如图 12-9 所示。注意，拆卸下的螺钉应妥善保管，以防丢失。

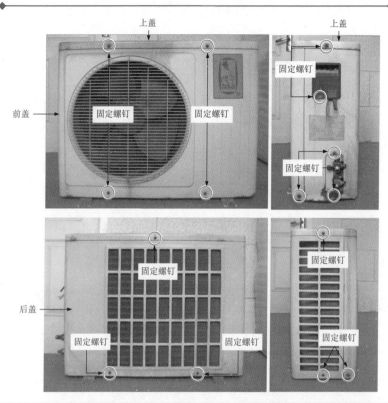

图 12-8　空调器室外机上盖、前盖、后盖之间固定螺钉的位置和数量

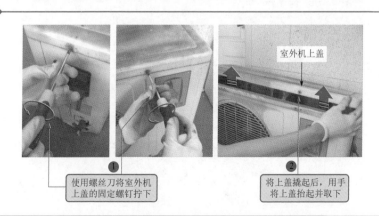

图 12-9　拆卸室外机上盖

前盖位于空调器室外机前面，并通过螺钉进行固定，拧下固定螺钉后即可将前盖取下，如图 12-10 所示。

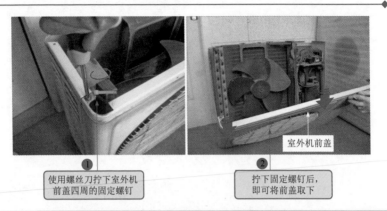

室外机前盖

① 使用螺丝刀拧下室外机前盖四周的固定螺钉

② 拧下固定螺钉后，即可将前盖取下

图 12-10   拆卸室外机前盖

12.1.6   空调器室外机电路板的拆卸

室外机电路板主要用来为空调器各单元电路或电器部件提供工作电压，同时接收人工指令信号，以及传感器送来的温度检测信号，并根据人工指令信号、温度检测信号以及内部程序，输出控制信号，对空调器进行控制。

室外机电路部分通常安装在室外机压缩机及制冷管路上面，并通过固定螺钉固定在箱体上，如图 12-11 所示。

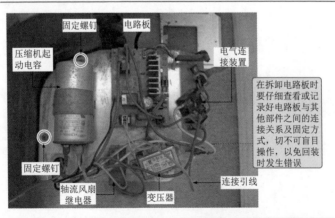

固定螺钉   电路板

压缩机起动电容

电气连接装置

固定螺钉

在拆卸电路板时要仔细查看或记录好电路板与其他部件之间的连接关系及固定方式，切不可盲目操作，以免回装时发生错误

轴流风扇继电器   变压器   连接引线

图 12-11   空调器室外机电路部分的安装位置及固定方式

　　了解了室外机电路部分的安装位置及固定方式之后，下面将其从空调器室外机中取下，如图 12-12 所示。

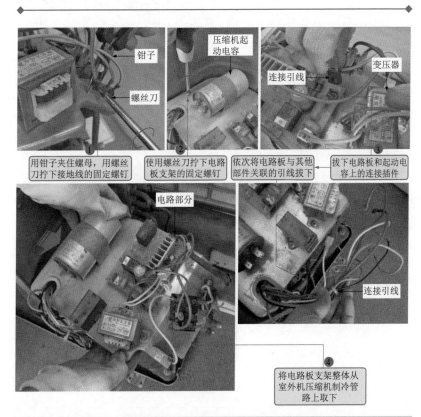

钳子
螺丝刀

压缩机起动电容

连接引线　变压器

用钳子夹住螺母，用螺丝刀拧下接地线的固定螺钉

使用螺丝刀拧下电路板支架的固定螺钉

依次将电路板与其他部件关联的引线拔下

拔下电路板和起动电容上的连接插件

电路部分

连接引线

将电路板支架整体从室外机压缩机制冷管路上取下

图 12-12　拆卸室外机电路板部分

12.2　空调器风扇组件的检修训练

12.2.1　空调器贯流风扇组件的检修案例

　　贯流风扇组件主要用于实现室内空气的强制循环对流，使室内空气进行热交换。贯流风扇组件主要由贯流风扇扇叶和贯流风扇驱动电动机两部分构成，如图 12-13 所示。

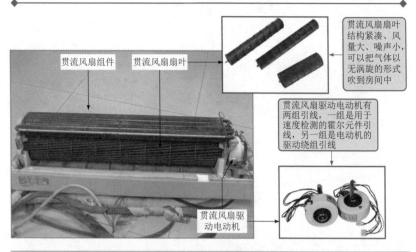

贯流风扇组件　　贯流风扇扇叶

贯流风扇扇叶结构紧凑、风量大、噪声小，可以把气体以无涡旋的形式吹到房间中

贯流风扇驱动电动机有两组引线，一组是用于速度检测的霍尔元件引线，另一组是电动机的驱动绕组引线

贯流风扇驱动电动机

图 12-13　贯流风扇组件

　　贯流风扇驱动电动机通电运转后，带动贯流风扇扇叶转动，使室内空气强制对流。此时，室内空气从室内机的进风口进入，经过蒸发器降温、除湿后，在贯流风扇扇叶的带动下，从室内机的出风口沿导风板排出。

　　对于贯流风扇组件的检修，应首先检查贯流风扇扇叶是否变形损坏。若没有发现机械故障，再对贯流风扇驱动电动机（电动机绕组、霍尔元件）进行检查。

　　首先，按图 12-14 所示，对贯流风扇扇叶进行检查。主要查看扇叶是否变形、灰尘是否过多、是否有异物等。

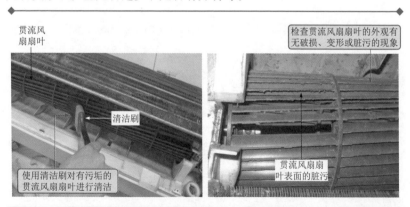

贯流风扇扇叶

清洁刷

使用清洁刷对有污垢的贯流风扇扇叶进行清洁

检查贯流风扇扇叶的外观有无破损、变形或脏污的现象

贯流风扇扇叶表面的脏污

图 12-14　贯流风扇扇叶的检查方法

　　若贯流风扇扇叶正常，则需要使用万用表对贯流风扇驱动电动机进行检测。检测方法如图 12-15 所示，分别对贯流风扇驱动电动机绕组阻值进行测量。

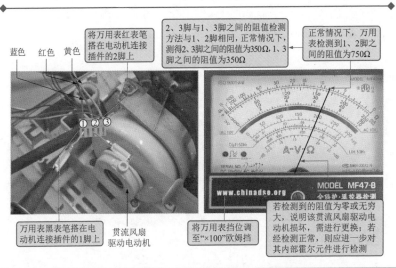

蓝色　红色　黄色

将万用表红表笔搭在电动机连接插件的2脚上

2、3脚与1、3脚之间的阻值检测方法与1、2脚相同，正常情况下，得到2、3脚之间的阻值为350Ω，1、3脚之间的阻值为350Ω

正常情况下，万用表检测到1、2脚之间的阻值为750Ω

万用表黑表笔搭在电动机连接插件的1脚上

贯流风扇驱动电动机

将万用表挡位调至"×100"欧姆挡

若检测到的阻值为零或无穷大，说明该贯流风扇驱动电动机损坏，需进行更换；若经检测正常，则应进一步对其内部霍尔元件进行检测

图 12-15　检测贯流风扇驱动电动机绕组阻值

　　接下来，按图 12-16 所示对霍尔元件进行检测。同样采用万用表对

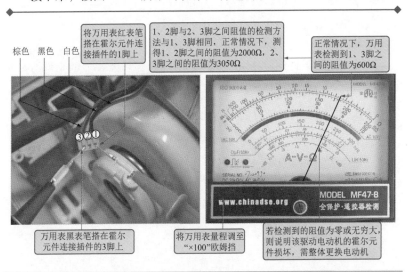

棕色　黑色　白色

将万用表红表笔搭在霍尔元件连接插件的1脚上

1、2脚与2、3脚之间阻值的检测方法与1、3脚相同，正常情况下，测得1、2脚之间的阻值为2000Ω，2、3脚之间的阻值为3050Ω

正常情况下，万用表检测到1、3脚之间的阻值为600Ω

万用表黑表笔搭在霍尔元件连接插件的3脚上

将万用表量程调至"×100"欧姆挡

若检测到的阻值为零或无穷大，则说明该驱动电动机的霍尔元件损坏，需整体更换电动机

图 12-16　检测霍尔元件阻值

内部霍尔元件的阻值进行测量。若阻值为零或无穷大，说明霍尔元件损坏。

12.2.2　空调器轴流风扇组件的检修案例

如图 12-17 所示，轴流风扇组件主要是由轴流风扇扇叶、轴流风扇驱动电动机以及轴流风扇起动电容组成的。

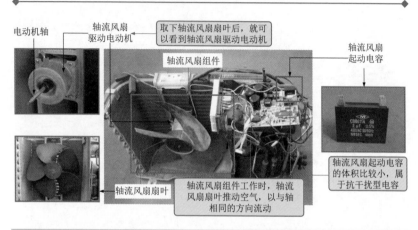

图 12-17　轴流风扇组件的组成

轴流风扇驱动电动机在轴流风扇起动电容的控制下运转，从而带动轴流风扇扇叶旋转，将变频空调器中的热气尽快排出，确保制冷管路热交换过程的顺利进行。

对轴流风扇组件的检修主要从风扇扇叶、起动电容和轴流风扇驱动电动机三方面进行检测代换。

 1. 轴流风扇扇叶的检测代换

如图 12-18 所示，轴流风扇组件放置在室外，容易堆积大量的灰尘，若有异物进去极易卡住轴流风扇扇叶，导致轴流风扇扇叶运转异常。检修前，可先将轴流风扇组件上的异物进行清理。若轴流风扇扇叶由于变形而无法运转，则需要对其进行更换。

 2. 轴流风扇起动电容的检测代换

轴流风扇起动电容正常工作是轴流风扇驱动电动机起动运行的基本条件之一。若轴流风扇驱动电动机不起动或起动后转速明显偏慢，应先对轴流风扇起动电容进行检测。

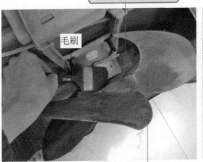

图 12-18　轴流风扇扇叶的检测代换

按图 12-19 所示，对轴流风扇起动电容进行检查与测试。

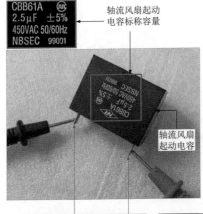

图 12-19　检测轴流风扇起动电容

一旦发现起动电容性能不良或彻底损坏，就需要选择与已损坏的电容同规格的良好电容进行代换。如图 12-20 所示，起动电容的主要参数标识都标注在电容的表面。

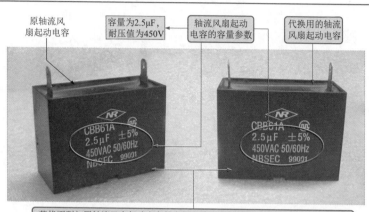

原轴流风扇起动电容

容量为2.5μF，耐压值为450V

轴流风扇起动电容的容量参数

代换用的轴流风扇起动电容

若找不到与原轴流风扇起动电容的容量参数完全相同的电容时，应选择耐压值相同、容量误差为原容量的20%以内的电容，若相差太多，容易损坏电动机

图 12-20　轴流风扇起动电容的选择方法

按图 12-21 所示，将代换用的起动电容重新安装到原起动电容的位置上，并将起动电容与外部相关部件的连接引线插好，代换完成。

连接引线

将代换用的起动电容放置到原轴流风扇起动电容的位置上

将安装好的代换用起动电容与轴流风扇驱动电动机连接的两根引线进行插接

图 12-21　起动电容的代换安装

 3. 轴流风扇驱动电动机的检测代换

轴流风扇驱动电动机是轴流风扇组件中的核心部件。在轴流风扇起动电容正常的前提下，若轴流风扇驱动电动机不转或转速异常，则需通

过万用表对轴流风扇驱动电动机绕组的阻值进行检测，从而判断轴流风扇驱动电动机是否出现故障。具体检测操作如图 12-22 所示。

轴流风扇驱动电动机

起动绕组端

正常情况下，公共端与起动绕组端之间的阻值为256.3Ω，运行绕组端与起动绕组端之间的阻值为0.489kΩ，且满足其中两组数值之和等于另一组数值

正常情况下，可测得公共端和运行绕组端的阻值为232.8Ω

红表笔搭在轴流风扇驱动电动机的运行绕组端

运行绕组端

公共端

黑表笔搭在轴流风扇驱动电动机的公共端

若检测时发现两个引线端的阻值趋于无穷大，则说明绕组中有断路情况；若三组数值间不满足等式关系，则说明绕组间存在短路。出现这两种情况均应更换轴流风扇驱动电动机

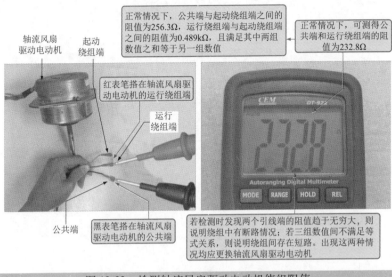

图 12-22　检测轴流风扇驱动电动机绕组阻值

一旦发现轴流风扇驱动电动机损坏，就需要根据标注信息，选择与已损坏的电动机同规格参数的电动机进行代换。

按图 12-23 所示，固定轴流风扇驱动电动机并安装轴流风扇扇叶，完成代换。

将轴流风扇扇叶轴心中凸出部分，对准电动机轴上的卡槽

用扳手将固定轴流风扇扇叶的固定螺母拧紧在驱动电动机转轴上

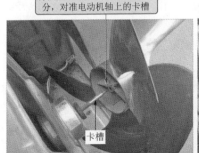

卡槽

扳手

图 12-23　固定轴流风扇驱动电动机并安装轴流风扇扇叶

12.3　空调器导风板组件的检修训练

12.3.1　空调器导风板组件的特点

　　导风板组件主要是用于控制室内机气流的方向，以满足用户的要求，该组件通常安装在室内机的出风口处，也就是室内机的下方。图12-24所示为导风板组件的功能示意图。

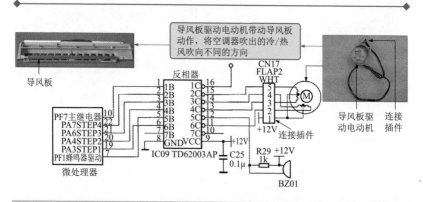

图 12-24　导风板组件的功能示意图

　　导风板组件主要是由导风板和导风板驱动电动机构成。导风板通常分为水平导风板和垂直导风板，主要是用来控制水平方向和垂直方向的气流；导风板驱动电动机与导风板连接，用于带动导风板，从而控制气流的方向。

　　当空调器供电电路接通后，由控制电路发出控制指令并驱动导风板驱动电动机工作，同时带动组件中的导风板摆动。

12.3.2　空调器导风板组件的检测代换

　　导风板组件安装在空调器室内机的出风口处，去掉外壳后可以发现在垂直导风板的侧面安装有导风板驱动电动机，用来带动导风板工作。

　　导风板组件出现故障后，空调器可能会出现出风口的风向不能调节等现象。

1. 检测导风板

取下导风板组件后，首先检查导风板的外观及周围是否损坏，导风板若被异物卡住，则会造成空调器出风口不出风或无法摆动的现象。导风板的检查方法如图 12-25 所示。

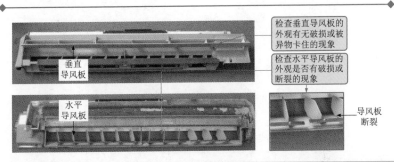

图 12-25　导风板的检查方法

若经检查，导风板存在严重的破损或脏污现象，则需要用相同规格的导风板进行代换，或使用清洁刷对导风板进行清洁处理。

 2. 检测代换导风板驱动电动机

导风板组件工作异常时，若经检查导风板正常，则接下来应对导风板驱动电动机进行仔细检查，若导风板驱动电动机损坏，应及时更换。导风板驱动电动机的检测方法如图 12-26 所示。

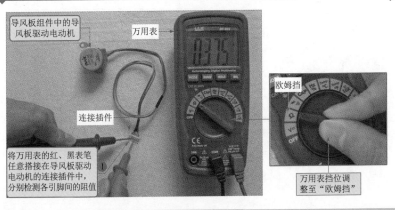

图 12-26　导风板驱动电动机的检测方法

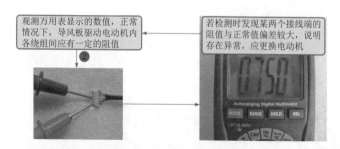

图 12-26　导风板驱动电动机的检测方法（续）

正常情况下，测得导风板驱动电动机各引脚间的阻值见表 12-1，若检测的结果与正常值偏差较大，说明该导风板驱动电动机已损坏。

表 12-1　导风板驱动电动机各引脚间的阻值（单位：kΩ）

引脚线颜色	红	橙	黄	粉	蓝
红	—	0.375	0.375	0.375	0.375
橙	0.375	—	0.750	0.750	0.750
黄	0.375	0.750	—	0.750	0.750
粉	0.375	0.750	0.750	—	0.750
蓝	0.375	0.750	0.750	0.750	—

若导风板驱动电动机损坏，则会造成空调器出风故障，此时就需要根据损坏的导风板驱动电动机类型、型号、大小等规格参数选择合适的部件进行代换。导风板驱动电动机的选择方法如图 12-27 所示。

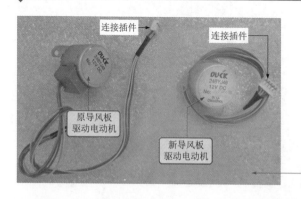

图 12-27　导风板驱动电动机的选择方法

将选择好的导风板驱动电动机安装到导风板组件中，并将该组件安装回空调器室内机。导风板驱动电动机的代换方法如图 12-28 所示。

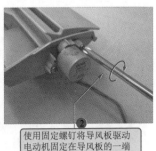

将新的导风板驱动电动机安装到导风板的一端处 ❶

使用固定螺钉将导风板驱动电动机固定在导风板的一端 ❷

导风板组件安装完成，并安装回室内机中

将导风板组件安装至室内机，并通电运行，导风板运转正常 ❸

导风板组件

图 12-28　导风板驱动电动机的代换方法

12.4　空调器干燥节流组件的检修训练

12.4.1　空调器干燥节流组件的特点

在制冷管路系统中，干燥过滤器、单向阀和毛细管是重要的干燥节流组件。

1. 干燥过滤器的特点

干燥过滤器主要有两个作用：一是吸附管路中多余的水分，防止产生冰堵故障，并减少水分对制冷系统的腐蚀；二是过滤，滤除制冷系统中的杂质，如灰尘、金属屑和各种氧化物，以防止制冷系统出现脏堵故障。图 12-29 所示为干燥过滤器的功能特点。

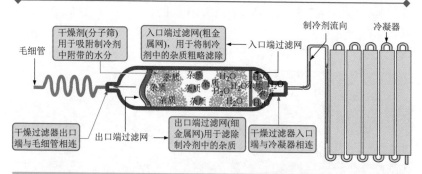

图 12-29　干燥过滤器的功能特点

 2. 毛细管的特点

毛细管是制冷系统中的节流装置，其外形细长，这就加大了制冷剂流动中的阻力，从而起到降低压力、限制流量的作用，如图 12-30 所示。

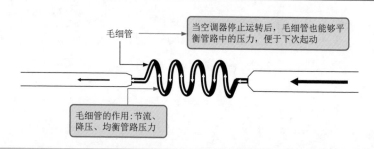

图 12-30　毛细管的工作原理

 3. 单向阀的特点

单向阀与毛细管相连，用于限制制冷剂的流向，通常会有隔热层保护。制冷剂在单向阀中，若按标识方向流过，单向阀便会导通，若反向流过，单向阀便会截止。图 12-31 所示为球形单向阀的工作原理。

12.4.2 　空调器干燥节流组件的检测代换

干燥过滤器、毛细管、单向阀出现故障后，空调器也可能会出现制冷/制热失常、制冷/制热效果差等现象。若怀疑干燥过滤器、毛细管、单向阀堵塞或损坏，就需要对它们进行检查。一旦发现故障，就需要寻找可替代的部件进行代换。

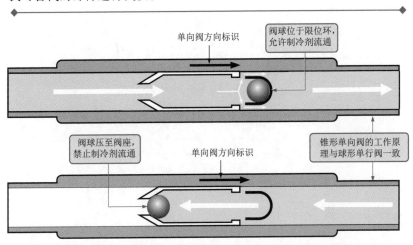

图 12-31　球形单向阀的工作原理

 1. 干燥节流组件检测

按图 12-32 所示，检查蒸发器的温度和干燥过滤器的表面状态是否正常。

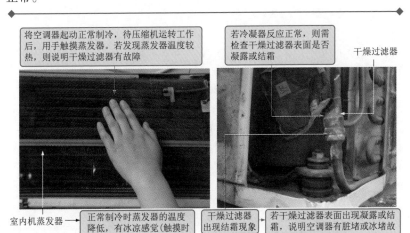

图 12-32　检查蒸发器和干燥过滤器

按图 12-33 所示，检查冷凝器入口和出口处的温度是否正常。

冷凝器入口处

冷凝器入口处

冷凝器出口处

若干燥过滤器没有结霜，则可以检查冷凝器的入口处和出口处的温度

正常制冷时，冷凝器入口处的温度较高，出口处的温度较低

图 12-33　检查冷凝器

 2. 干燥节流组件代换

通常，制冷管路中干燥过滤器、毛细管或单向阀任何一个部件出现堵塞，在进行代换时都需要将这三个部件一同更换。

按图 12-34 所示，对单向阀焊接口处进行拆焊操作。

单向阀焊接口处

在进行拆焊前，为了防止焊枪火焰高温损坏干燥过滤器上的管温传感器，需要将传感器取下

单向阀

与蒸发器连接的制冷管路

与蒸发器连接的制冷管路

准备好焊枪，按照焊枪的操作规范要求进行点火、调整火焰，准备焊接。首先，将焊枪的火焰对准单向阀与铜制管路的焊接口处，进行加热

加热一段时间后，焊接处明显变红后，用钳子钳住单向阀向上提起，即可将单向阀与管路接口处分离

图 12-34　单向阀拆焊操作

按图 12-35 所示，对干燥过滤器接口处进行拆焊操作，完成拆卸操作。

将焊枪火焰对准干燥过滤器与铜制管路的焊接口处，进行加热

加热一段时间，焊接口处明显变红后，用钳子钳住干燥过滤器向上提起，即可将干燥过滤器与管路接口处分离

与冷凝器连接的制冷管路

干燥过滤器与铜制管路的焊接口处

与冷凝器连接的制冷管路

干燥过滤器、毛细管、单向阀整体取下后，可以使用氮气对其整体进行清洁，若清洁过程中，发现其整体脏堵严重，则直接用新的整体进行代换即可

将单向阀、毛细管、干燥过滤器作为一体组件从管路上取下

图 12-35　干燥过滤器拆焊操作

选择代换用的干燥过滤器、毛细管、单向阀一体组件。按图 12-36 所示，将新的干燥过滤器、毛细管、单向阀整体放置到位后，对单向阀与管路接口处进行重新焊接。

与蒸发器连接的管路

将干燥过滤波器的一端插接到与冷凝器连接的管路中

将单向阀的一端插接到与蒸发器连接的管路中

与冷凝器连接的管路

图 12-36　单向阀与管路接口处的焊接

使用焊枪加热单向阀与管路接口处，加热过程中要来回移动焊枪，均匀加热

与蒸发器连接的管路　　与冷凝器连接的管路

焊条

当单向阀与管路接口处呈现暗红色时，将焊条放置到焊口处熔化

图 12-36　单向阀与管路接口处的焊接（续）

按图 12-37 所示，对干燥过滤器与管路接口处进行焊接，完成代换操作。

使用焊枪加热干燥过滤器与管路接口处，加热过程中要来回移动焊枪，均匀加热

当干燥过滤器与管路接口处呈现暗红色时，将焊条放置到焊口处熔化

焊接完成后，还需进行检漏、抽真空、充注制冷剂等操作，然后再通电试机，故障排除

图 12-37　干燥过滤器与管路接口处的焊接

12.5　空调器电磁四通阀的检修训练

12.5.1　空调器电磁四通阀的特点

电磁四通阀主要由电磁导向阀、四通阀线圈、四通换向阀以及四根

连接管路等构成，通常安装在室外管路的上部，由四根管口与制冷管路相连，是空调器中重要的组成部件。

电磁四通阀是利用导向阀和换向阀的作用改变变频空调器管路中制冷剂的流向，从而达到切换制冷、制热的目的，图 12-38 所示为电磁四通阀的功能示意图。

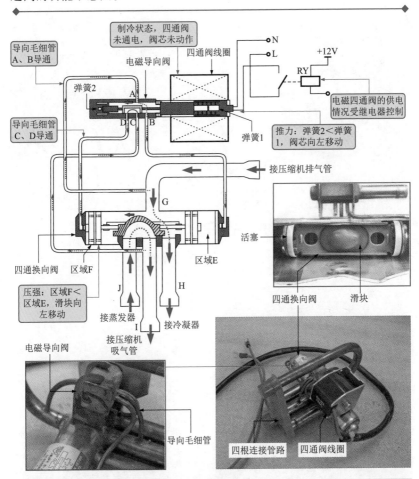

图 12-38　电磁四通阀的功能示意图

12.5.2　空调器电磁四通阀的检测代换

电磁四通阀出现故障后，空调器可能会出现制冷/制热模式不能切换、制冷（热）效果差等现象。

 1. 电磁四通阀的检测

按图 12-39 所示，检测电磁四通阀管路连接部位是否出现泄漏。

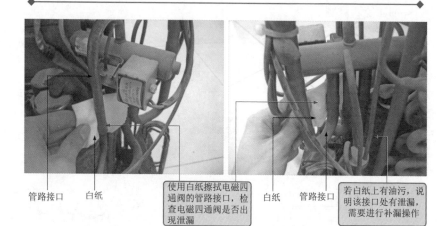

管路接口　　白纸　　使用白纸擦拭电磁四通阀的管路接口，检查电磁四通阀是否出现泄漏　　白纸　　管路接口　　若白纸上有油污，说明该接口处有泄漏，需要进行补漏操作

图 12-39　用白纸擦拭电磁四通阀的管路接口

按图 12-40 所示，使用万用表检测电磁四通阀线圈的阻值。

电磁四通阀连接插件　　对电磁四通阀线圈进行检测时，需要先将其连接插件拔下　　正常情况下，万用表测得的阻值约为1.468kΩ

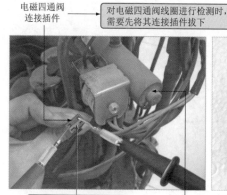

将万用表红、黑表笔分别搭在电磁四通阀连接插件的引脚上　　电磁四通阀　　若阻值差别过大，说明电磁四通阀损坏，需要对其进行更换

图 12-40　电磁四通阀的检测方法

　　若检测发现电磁四通阀损坏，就需要对损坏的电磁四通阀进行拆卸代换。

 2. 电磁四通阀的代换

按图 12-41 所示，取下电磁四通阀的线圈。

 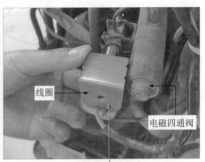

线圈　　电磁四通阀

线圈　　电磁四通阀

使用螺丝刀将电磁四通阀上线圈的固定螺钉拧下

将线圈从电磁四通阀上取下

图 12-41　取下线圈

　　按图 12-42 所示，分离电磁四通阀与各部件之间相连的管路，完成拆卸操作。

焊枪

钳子

使用焊枪对电磁四通阀上与压缩机排气管相连的管路进行加热，待加热一段时间后使用钳子将管路分离

使用焊枪对电磁四通阀上与冷凝器相连的管路进行加热，待加热一段时间后使用钳子将管路分离

图 12-42　分离电磁四通阀与各部件之间相连的管路

使用焊枪对电磁四通阀上与压缩机吸气管相连的管路进行加热，待加热一段时间后使用钳子将管路分离

对电磁四通阀上与蒸发器相连的管路进行拆焊操作

至此，电磁四通阀的拆卸完成，接下来对其进行代换

图 12-42   分离电磁四通阀与各部件之间相连的管路（续）

选择代换用的电磁四通阀。注意，选用的电磁四通阀的规格参数及尺寸都需与已损坏的电磁四通阀保持一致。按图 12-43 所示，将新的电磁四通阀放置到位，并进行重新焊接，完成电磁四通阀的安装。

将新的电磁四通阀放置到原位置，注意对齐管路

在电磁四通阀阀体上覆盖一层湿布，防止焊接时，阀体过热

湿布
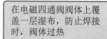

图 12-43   电磁四通阀的代换操作

使用焊枪将电磁四通阀的四根管路分别与制冷管路焊接在一起	焊接时间不要过长，以防阀体内的部件损坏，使新的电磁四通阀报废	焊接完成，待管路冷却后，将盖在阀体上的湿布取下	焊接完成后，还要进行检漏、抽真空、充注制冷剂等操作，然后再通电试机，故障排除

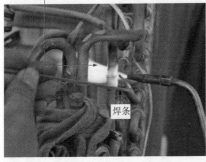

焊条

图 12-43　电磁四通阀的代换操作（续）

12.6　空调器电路的检修训练

12.6.1　空调器电源电路的检修训练

 1. 空调器电源电路的特点

空调器电源电路可分为室内机电源电路和室外机电源电路两部分。室内机电源电路与交流 220V 输入电压连接，为室内机控制电路和室外机控制电路供电；室外机电源电路主要为室外机控制电路提供工作电压。

图 12-44 为典型空调器室内机电源电路的结构组成。空调器室内机电源电路主要由滤波电容、互感滤波器、熔断器、过电压保护器、降压变压器、桥式整流电路、三端稳压器等元器件组成。

扫一扫看视频

图 12-45 为典型空调器室外机电源电路的结构组成。空调器室外机电源电路主要由桥式整流电路、电抗器、滤波电感、滤波器、开关振荡及二次输出电路等构成。其中开关振荡及二次输出电路的主要元器件有继电器、滤波电容、开关晶体管、发光二极管等。

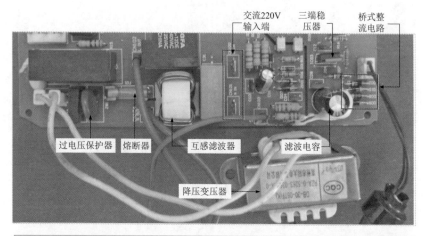

图 12-44　典型空调器室内机电源电路的结构组成

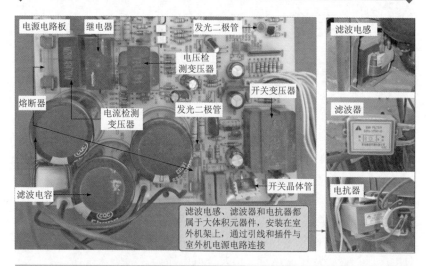

图 12-45　典型空调器室外机电源电路的结构组成

　　电源电路是空调器中的关键电路，若该电路出现故障经常会引起空调器不能开机、压缩机不工作、操作无反应等现象，对该电路进行检修时，可依据故障现象分析出产生故障的原因，并根据电源电路的信号流程对可能产生故障的部件逐一进行排查。

当电源电路出现故障时，首先应对熔断器进行检测，若熔断器正常，再对电源电路输出的直流低压部分进行检测，具体的检修分析如图12-46所示。

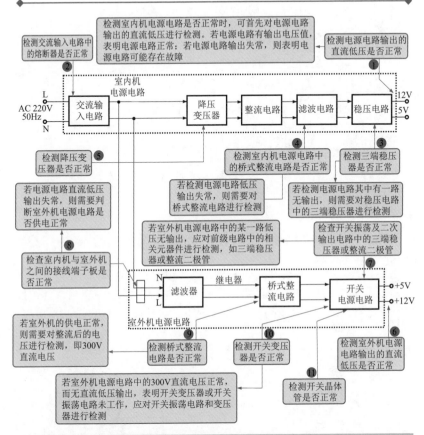

图12-46　典型空调器电源电路的检修分析

 2. 空调器电源电路检修案例

根据空调器电源电路的电路原理分析和检修分析，检修电源电路可分为电压参数值检测和组成部件性能检测。检测电压参数值时，找准电压关键点的检测位置，即可根据实测结果判断电路状态。

扫一扫看视频

首先检测电源电路输出端的直流电压，如图12-47所示。若检测电源电路输出的各路直流电压均正常，则说明电源电路正常。若检测无直流电压输出，则说明该电路前级电路可能出现故障。

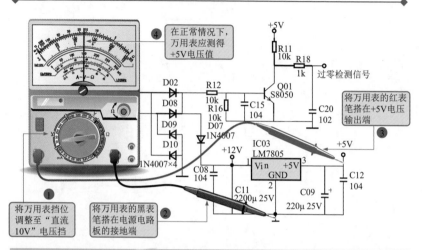

图 12-47　空调器电源电路输出端直流电压的检测方法

扫一扫看视频

　　若检测室内机、室外机电源电路中+5V 低压直流电压无输出，则需要对前级电路中的三端稳压器进行检测，具体操作如图 12-48 所示。正常情况下，三端稳压器输入+12V 电压，输出+5V 电压。

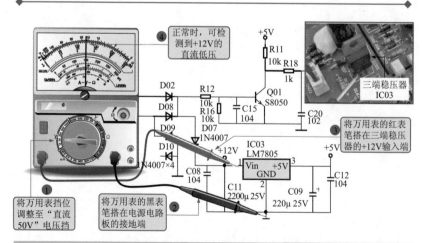

图 12-48　三端稳压器输入和输出端电压的检测

🕭 要点说明

　　值得注意的是，如果检测三端稳压器的输入电压正常，输出电压为 0V，则可能有两种情况：一是三端稳压器本身损坏；二是负载有短路故障，导致电源输出直流电压对地短路，此时测量数值也为 0V。要区分这两种情况可通过检测电源电路直流电压输出端元器件的对地阻值进行判断。

　　接下来，根据电压参数值的检测结果判断故障范围，进一步检测怀疑电路范围内的关键元器件的性能，或空调器不能通电时，直接对易损的主要部件进行检测。

　　电源电路中元器件较多，以桥式整流电路为例。在通常情况下，桥式整流电路是否正常，可在断电状态下，使用万用表对桥式整流电路中的四个整流二极管进行检测，检测操作如图 12-49 所示。

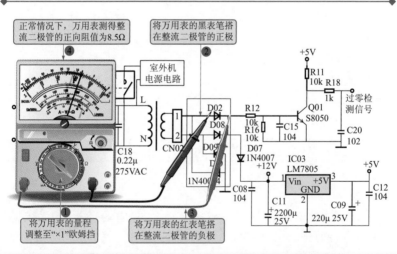

图 12-49　桥式整流电路中整流二极管的检测方法

相关资料

　　空调器电源电路中的元器件较多，检测不同元器件时，可根据不同元器件的功能特点，通过检测相关的性能参数来判断元器件的好坏。

　　◇ 熔断器是电源电路中的保护器件。若检测电源电路无输出，可首先检查熔断器有无烧断情况。引起熔断器烧断的原因有很多，大多是因交流输入电路或开关电源电路中有过载现象。这时应进一步检查电路，排除过载元器件后，再开机。否则即使更换熔断器，还会再次被烧断。

◇ 降压变压器是电源电路中的电压变换器件，可通过检测输入和输出电压判断其好坏。若输入正常，但无输出，则说明降压变压器本身损坏。

◇ 开关晶体管是空调器室外机电源电路中的关键器件，也是确保室外机电源电路正常工作的核心器件。可用万用表检测各引脚间的阻值判断其是否正常。在正常情况下，开关晶体管基极（b）与集电极（c）、基极（b）与发射极（e）之间应有一定的阻值，其他两引脚间的阻值为无穷大。

◇ 室外机继电器是控制室外机电源电路能否获得电压的主要器件。可在开路状态下使用万用表检测内部线圈的阻值，若测得继电器内部线圈有一定的阻值，则说明该继电器可能正常；若测得继电器内部线圈的阻值趋于无穷大，则说明继电器已经断路损坏，需要使用同型号的继电器进行更换。

◇ 连接端子板是室内、外机电源电路的重要关键部件，需要注意检查连接情况，有无因松动、断裂导致的电源传递失效，如有此情况，则需要重新连接或更换端子板，确保连接正常。

12.6.2　空调器主控电路的检修训练

 1. 空调器主控电路的特点

空调器主控电路主要是以微处理器为核心的自动检测与自动控制电路，用于控制空调器中各部件的协调运行。目前，大多数空调器中的室内机和室外机都设有控制电路（早期空调器统一由室内机控制）。

图 12-50 为典型空调器室内机主控电路的结构组成。空调器室内机主控电路主要由微处理器、存储器、晶体振荡器、复位电路、继电器、反相器及各种功能部件接口等组成。

图 12-51 为典型空调器室外机主控电路的结构组成。空调器室外机主控电路主要由微处理器、存储器、晶体振荡器、复位电路、接口电路、传感器和继电器等部分构成。

扫一扫看视频

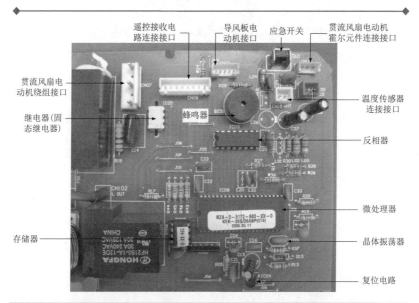

遥控接收电路连接接口
导风板电动机接口
应急开关
贯流风扇电动机霍尔元件连接接口

贯流风扇电动机绕组接口

继电器(固态继电器)

蜂鸣器

温度传感器连接接口

反相器

微处理器

存储器

晶体振荡器

复位电路

图 12-50　典型空调器室内机主控电路的结构组成

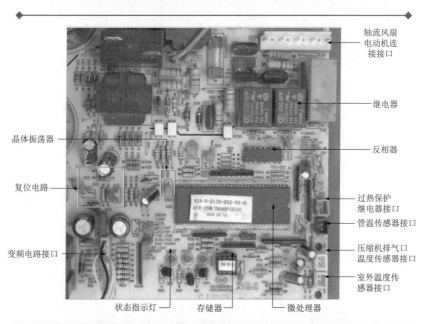

轴流风扇电动机连接接口

继电器

晶体振荡器

反相器

复位电路

过热保护继电器接口

管温传感器接口

压缩机排气口温度传感器接口

变频电路接口

室外温度传感器接口

状态指示灯
存储器
微处理器

图 12-51　典型空调器室外机主控电路的结构组成

2. 空调器主控电路的检修案例

主控电路是空调器中的关键电路。主控电路不正常会导致控制故障，引起空调器不起动、制冷/制热异常、控制失灵、操作或显示不正常等。

检修主控电路时，若空调器仍能通电，则可通过检测电路基本的供电电压、复位信号、时钟信号三大条件及输入和输出控制信号判断其好坏，并结合检测结果检测怀疑损坏的元器件的性能。具体检修分析如图 12-52 所示。

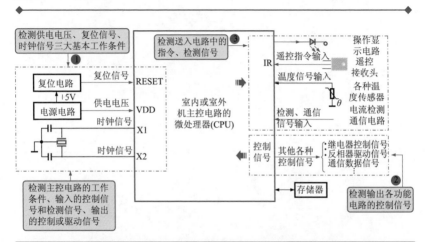

图 12-52　空调器可通电状态下的检修分析

若空调器无法通电，则可直接在断电状态下检测怀疑损坏的元器件的性能，由此找出故障点，排除故障。具体检修分析如图 12-53 所示。

根据空调器主控电路的电路原理分析和检修分析，可先在通电状态下检测电路的供电电压、复位信号和时钟信号三大基本工作条件，具体检测如图 12-54 所示。

若主控电路三大工作条件均正常，则可检测输入、输出的控制信号，如图 12-55 所示。若输入正常，但无任何输出，则多为主控电路损坏，需要更换微处理器芯片；若输入正常，输出某一项控制功能失常，则多为微处理器内部或外围元器件（如继电器、反相器）损坏。

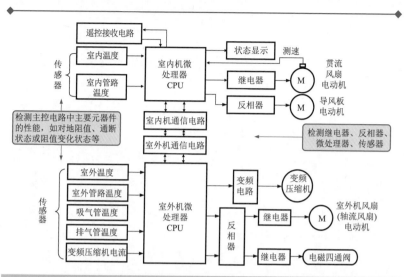

图 12-53　空调器不可通电状态下的检修分析

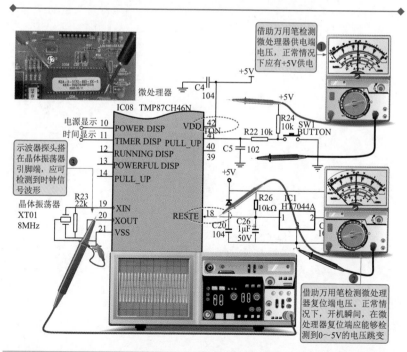

图 12-54　空调器主控电路三大基本工作条件的检测方法

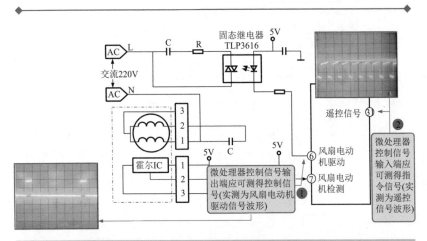

图 12-55　空调器主控电路输入、输出信号的检测方法

若反相器损坏，将直接导致空调器室内机风扇不工作、室外机轴流风扇电动机不工作、电磁四通阀不换向、压缩机不运行及其他功能部件失常等故障，可使用万用表检测反相器各引脚的对地阻值，如图 12-56 所示。

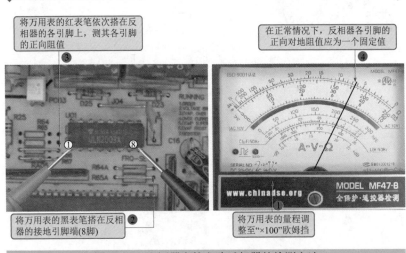

图 12-56　空调器主控电路反相器的检测方法

相关资料

若检测出的阻值与正常值偏差较大，则说明反相器已损坏，需进行更换。反相器 ULN2003 各引脚的对地阻值见表 12-2。

表 12-2　反相器 ULN2003 各引脚的对地阻值

引脚号	对地阻值	引脚号	对地阻值	引脚号	对地阻值	引脚号	对地阻值
1	500Ω	5	500Ω	9	400Ω	13	500Ω
2	650Ω	6	500Ω	10	500Ω	14	500Ω
3	650Ω	7	500Ω	11	500Ω	15	500Ω
4	650Ω	8	接地	12	500Ω	16	500Ω

12.6.3　空调器显示及遥控电路的检修训练

 1. 空调器显示及遥控电路的特点

空调器显示及遥控电路主要用于为空调器输入人工指令，接收电路收到指令后，送往控制电路的微处理器中，同时由接收电路中的显示部件显示空调器的当前工作状态。

图 12-57 为典型空调器中显示及遥控电路的结构组成。该电路包括遥控器及接收电路两部分。其中，遥控器是指一个发送遥控指令的独立电路单元，用户通过遥控器将人工指令信号以红外光的形式发送给变频空调器的接收电路板。

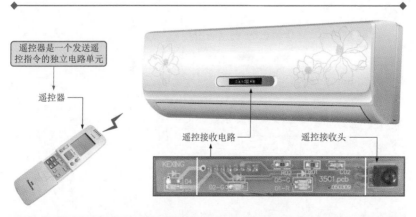

图 12-57　典型空调器中显示及遥控电路的结构组成

图 12-58 为典型空调器显示及遥控电路的信号关系。空调器显示及遥控电路接收遥控器送来的人工指令，并将接收到的红外光信号转换成电信号，送给空调器室内机控制电路执行相应的指令。空调器室内机的控制电路将处理后的显示信号送往显示电路，由该电路中的显示部件显示空调器的当前工作状态。

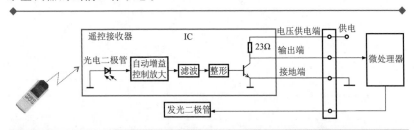

图 12-58　典型空调器显示及遥控电路的信号关系

扫一扫看视频

图 12-59 所示为典型空调器遥控发射电路。该电路主要由微处理器 IC1（TMP47C422F）、4MHz 晶体振荡器 Z2、32kHz 晶体振荡器 Z1、显示屏、热敏电阻 TH、红外发光二极管 LED1 及 LED2、操作矩阵电路等组成。

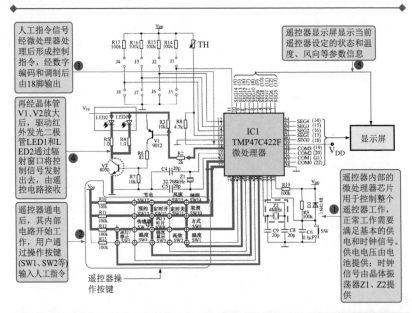

图 12-59　典型空调器遥控发射电路的工作原理

该遥控发射器采用双时钟晶体振荡电路，其中，由晶体振荡器 Z2、电容 C8、C9（容量为 20pF）和微处理器的 30、31 脚构成 4MHz 的高频主振荡器，振荡器产生的 4MHz 脉冲信号经分频后为调制编码电路提供 38kHz 的载波信号。由晶体振荡器 Z1、电容 C4、C5（容量为 20pF）和微处理器的 19、20 脚构成 32kHz（准确值为 32.768kHz）的低频副振荡器，其输出主要是供时间信号或显示电路使用。

2. 空调器显示及遥控电路的检修案例

显示及遥控电路是空调器实现人机交互的部分。若该电路出现故障，经常会引起控制失灵、显示异常等故障。检修时，可依据故障现象分析出产生故障的原因，并根据遥控电路的信号流程对可能产生故障的部件逐一进行排查。

当显示及遥控电路出现故障时，首先应检测遥控器中的发送部分，若该电路正常，再检测接收电路部分。图 12-60 为空调器显示及遥控电路的检修分析。

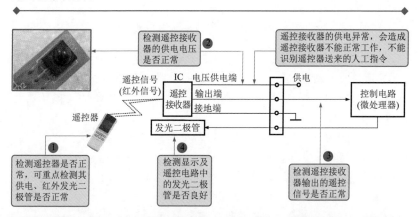

图 12-60　空调器显示及遥控电路的检修分析

（1）检测遥控器

遥控器是显示及控制电路重要的部件之一。若该部件损坏，则无法通过遥控器直接控制空调器，因此检测遥控器是非常有必要的。检测遥控器是否正常时，通常对其供电、红外发光二极管等检测点进行检测。

检测前，可对遥控器整体性能进行初步判断。遥控器是否正常，主要是检查遥控器最终能否发射出红外光，而红外光是人眼不可见的，可通过数码相机（或带有照相功能的手机）的摄像头观察遥控器是否能够发出红外光，具体操作如图12-61所示。

通常用肉眼很难观察到红外光线

通过手机的照相功能可以清楚地观察到红外发光二极管发出的红外光

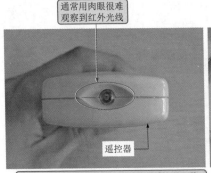
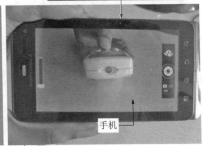

遥控器

手机

若遥控器能够发射红外光，则说明遥控器正常；若按动遥控器按键无红外光发出，则说明遥控器异常，可对遥控器内部部件或元器件进行进一步的检测

图12-61　空调器遥控器整体性能的检测方法

若遥控器无法发射红外光，则说明遥控器存在异常情况。电池电量用尽、操作按键触点氧化失灵、电路元器件变质等情况较为常见，可将遥控器外壳拆开后，借助万用表或示波器逐一检测怀疑损坏的元器件。

遥控器中的发光二极管、操作按键也是易损部件。发光二极管可借助万用表检测正、反向阻值判断好坏，在正常情况下，正向有一定阻值，反向为无穷大；操作按键多因操作频繁引起导电橡胶老化、存在污物和氧化锈蚀等，可借助酒精擦拭，排除遥控器故障。

（2）检测遥控接收电路

若遥控器正常，但空调器仍无法实现人工指令控制，还需要检测室内机中的遥控接收电路部分。遥控接收器是用来接收控制信号的主要部件。若该部件损坏，则会造成使用遥控器操作时，室内机无反应的故障，如无法正常开机、无法调整温度等。检测遥控接收器时，可通过检测供电、输出信号来判断好坏，具体操作如图12-62所示。

扫一扫看视频

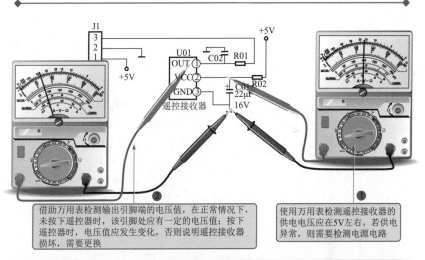

借助万用表检测输出引脚端的电压值，在正常情况下，未按下遥控器时，该引脚处应有一定的电压值；按下遥控器时，电压值应发生变化，否则说明遥控接收器损坏，需要更换

使用万用表检测遥控接收器的供电电压应在5V左右。若供电异常，则需要检测电源电路

图 12-62　空调器遥控接收电路的检测方法

12.6.4　空调器通信电路的检修训练

1. 空调器通信电路的特点

空调器的通信电路主要用于室内机与室外机之间数据的传输，由室内机通信电路和室外机通信电路两部分构成，分别安装在室内机控制电路与室外机控制电路中。

图 12-63 为典型的空调器通信电路。该电路主要是由室内机发送光电耦合器 IC02（TLP521）、室内机接收光电耦合器 IC01（TLP521）、室外机发送光电耦合器 PC02（TLP521）、室外机接收光电耦合器 PC01（TLP521）等构成的。

扫一扫看视频

2. 空调器通信电路的检修案例

通信电路是空调器中重要的数据传输电路。若该电路出现故障，通常会引起空调器室外机不运行或运行一段时间后停机等不正常现象，检修时，可根据通信电路的信号流程对可能产生故障的部件逐一进行排查。图 12-64 为空调器通信电路的检修分析。

当空调器不能正常工作，怀疑是通信电路出现故障时，应先对室内机与室外机的连接部分进行检修。

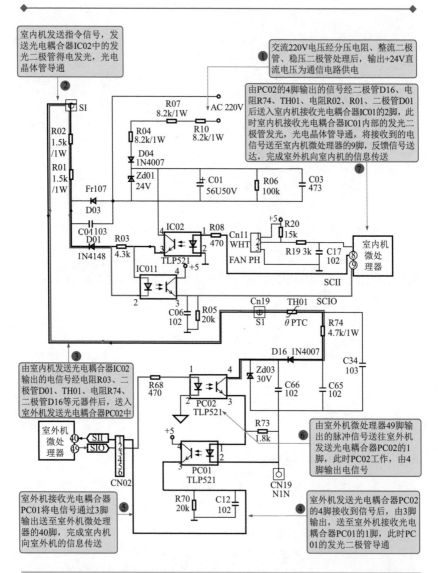

室内机发送指令信号，发送光电耦合器IC02中的发光二极管得电发光，光电晶体管导通 ②

交流220V电压经分压电阻、整流二极管、稳压二极管处理后，输出+24V直流电压为通信电路供电 ①

由PC02的4脚输出的信号经二极管D16、电阻R74、TH01、电阻R02、R01、二极管D01后送入室内机接收光电耦合器IC01的2脚，此时室内机接收光电耦合器IC01内部的发光二极管发光，光电晶体管导通，将接收到的电信号送至室内机微处理器的9脚，反馈信号送达，完成室外机向室内机的信息传送 ⑦

由室内机发送光电耦合器IC02输出的电信号经电阻R03、二极管D01、TH01、电阻R74、二极管D16等元器件后，送入室外机发送光电耦合器PC02中 ③

由室外机微处理器49脚输出的脉冲信号送往室外机发送光电耦合器PC02的1脚，此时PC02工作，由4脚输出电信号 ⑥

室外机接收光电耦合器PC01将电信号通过3脚输出送至室外机微处理器的40脚，完成室内机向室外机的信息传送 ⑤

室外机发送光电耦合器PC02的4脚接收到信号后，由3脚输出，送至室外机接收光电耦合器PC01的1脚，此时PC01的发光二极管导通 ④

图 12-63　典型空调器通信电路

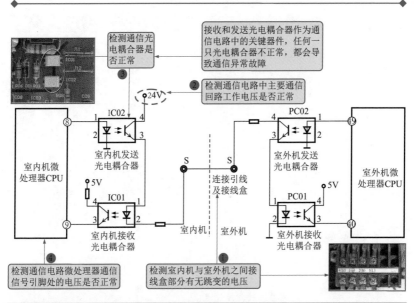

图 12-64　空调器通信电路的检修分析

实际检修时，可先观察是否是由硬件损坏造成的，如连接线破损、接线触点断裂等，若连接完好，则需要进一步使用万用表检测连接部分的电压值是否正常。图 12-65 为空调器通信电路接线盒的检测方法。

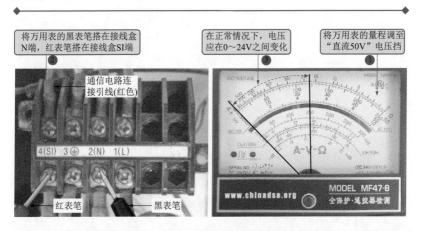

图 12-65　空调器通信电路接线盒的检测方法

要点说明

在正常情况下，空调器通信电路连接端子处的电压应在0~24V之间变化（不同品牌空调器通信电路供电电压等级不同，常见有24V、56V、140V等，需结合实际情况进行判断）。

若检测室内机连接引线处的电压维持在24V左右，则有两种情况：一种为室内机没有向室外机供电，应重点检测室内机电路板中的继电器；另一种为室内机已向室外机供电，表明室外机的微处理器没有进入工作状态，应重点检测开关电源电路中的主要元器件及通信电路。若电压为0V，则多为通信电路的电源电路异常，应重点检修室内机电源电路部分。

在检测通信电路中室内机与室外机的连接部分正常时，若故障依然没有被排除，则应进一步检测通信电路的供电电压，如图12-66所示。

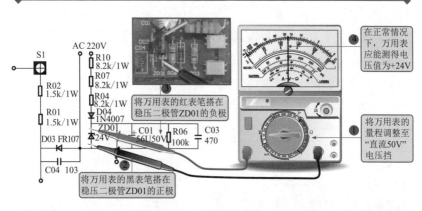

图12-66　空调器通信电路供电电压的检测方法

在正常情况下，在稳压二极管的两端应能检测到24V直流电压，若无电压，应进一步对该器件本身进行检测，排除击穿或是开路故障；若稳压二极管本身正常，仍无24V电压，则需要对该电路中的其他主要元器件（大功率的电阻、整流二极管D04等）进行检测。

若根据上述检测确定通信电路供电正常，即基本工作条件满足时，通信电路仍不能正常工作，则可检测该电路中的核心器件，即通信光电耦合器的性能。检测通信光电耦合器的性能一般是在断电状态下检测通信光电耦合器引脚间的阻值，如图 12-67 所示。

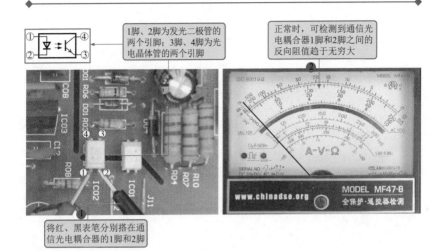

图 12-67　通信光电耦合器的检测方法

　　微处理器是通信电路通信的控制端和信号交换中心。若检测光电耦合器正常，但通信电路仍无法正常通信，还需要检测微处理器输出端的脉冲信号，如图 12-68 所示。

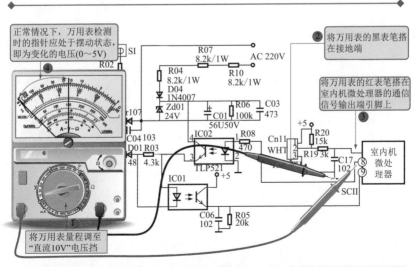

图 12-68　微处理器输出端脉冲信号的检测方法